1949-2019
新中国气象事业70周年

艰苦奋斗测风雨
高原大地谱新篇

新中国气象事业70周年·青海卷

青海省气象局

图书在版编目（CIP）数据

新中国气象事业70周年. 青海卷 / 青海省气象局编著. -- 北京：气象出版社，2021.8
ISBN 978-7-5029-7154-0

Ⅰ. ①新… Ⅱ. ①青… Ⅲ. ①气象－工作－青海－画册 Ⅳ. ①P468.2-64

中国版本图书馆CIP数据核字(2021)第168083号

新中国气象事业70周年·青海卷
Xinzhongguo Qixiang Shiye Qishi Zhounian·Qinghai Juan
青海省气象局　编著

出版发行：	气象出版社
地　　址：	北京市海淀区中关村南大街46号　　邮政编码：100081
电　　话：	010-68407112（总编室）　　010-68408042（发行部）
网　　址：	http://www.qxcbs.com　　E-mail：qxcbs@cma.gov.cn
策划编辑：	周　露
责任编辑：	马　可　　　　　　　　　终　审：吴晓鹏
责任校对：	张硕杰　　　　　　　　　责任技编：赵相宁
装帧设计：	新光洋（北京）文化传播有限公司
印　　刷：	北京地大彩印有限公司
开　　本：	889 mm × 1194 mm 1/16　　印　张：12.5
字　　数：	320千字
版　　次：	2021年8月第1版　　　　　印　次：2021年8月第1次印刷
定　　价：	258.00元

本书如存在文字不清、漏印以及缺页、倒页、脱页等，请与本社发行部联系调换

《新中国气象事业 70 周年·青海卷》编委会

主　编： 白　海
副主编： 戴随刚　郭志云
编　委： 郭德彦　李应业　山　嶷　铁顺富
　　　　　　达鸿魁　金泉才　赵海梅　张　琪

总 序

1949 年 12 月 8 日是载入史册的重要日子。这一天，经中央批准，中央军委气象局正式成立，开启了新中国气象事业的伟大征程。

气象事业始终根植于党和国家发展大局，与国家发展同行共进、同频共振。 伴随着国家发展的进程，气象事业从小到大、从弱到强、从落后到先进，走出了一条中国特色社会主义气象发展道路。新中国成立后，我们秉持人民利益至上这一根本宗旨，统筹做好国防和经济建设气象服务。在国家改革开放的大潮中，我们全面加速气象现代化建设，在促进国家经济社会发展和保障改善民生中实现气象事业的跨越式发展。党的十八大以来，我们坚持以习近平新时代中国特色社会主义思想为指导，坚持在贯彻落实党中央决策部署和服务保障国家重大战略中发展气象事业，开启了现代化气象强国建设的新征程。70 年气象事业的生动实践深刻诠释了国运昌则事业兴、事业兴则国家强。

气象事业始终在党中央、国务院的坚强领导和亲切关怀下，与伟大梦想同心同向、逐梦同行。 党和国家始终把气象事业作为基础性公益性社会事业，纳入经济社会发展全局统筹部署、同步推进。毛泽东主席关于气象部门要把天气常常告诉老百姓的指示，成为气象工作贯穿始终的根本宗旨。邓小平同志强调气象工作对工农业生产很重要，江泽民同志指出气象现代化是国家现代化的重要标志，胡锦涛同志要求提高气象预测预报、防灾减灾、应对气候变化和开发利用气候资源能力，都为气象事业发展指明了方向，鼓舞着我们奋勇前行。习近平总书记特别指出，气象工作关系生命安全、生产发展、生活富裕、生态良好，要求气象工作者推动气象事业高质量发展，提高气象服务保障能力，为我们以更高的政治站位、更宽的国际视野、更强的使命担当实现更大发展，提供了根本遵循。

在党中央、国务院的坚强领导下，一代代气象人接续奋斗、奋力拼搏，气象事业发生了根本性变化，取得了举世瞩目的成就。

70 年来，我们紧紧围绕国家发展和人民需求，坚持趋利避害并举，建成了世界上保障领域最广、机制最健全、效益最突出的气象服务体系。

面向防灾减灾救灾， 我们努力做到了重大灾害性天气不漏报，成功应对了超强台风、特大洪水、低温雨雪冰冻、严重干旱等重大气象灾害，为各级党委政府防灾减灾部署和人民群众避灾赢得了先机。我们建成了多部门共享共用的国家突发事件预警信息发布系统，努力做到重点灾害预警不留盲区，预警信息可在 10 分钟内覆盖 86% 的老百姓，有效解决了"最后一公里"问题，充分发挥了气象防灾减灾第一道防线作用。

面向生态文明建设，我们构建了覆盖多领域的生态文明气象保障服务体系，打造了人工影响天气、气候资源开发利用、气候可行性论证、气候标志认证、卫星遥感应用、大气污染防治保障等服务品牌，开展了三江源、祁连山等重点生态功能区空中云水资源开发利用，完成了国家和区域气候变化评估，组织了四次全国风能资源普查，探索建设了国家气象公园，建立了世界上规模最大的现代化人工影响天气作业体系，人工增雨（雪）覆盖 500 万平方公里，防雹保护达 50 多万平方公里，有力推动了生态修复、环境改善，气象已经成为美丽中国的参与者、守护者、贡献者。

面向经济社会发展，我们主动服务和融入乡村振兴、"一带一路"、军民融合、区域协调发展等国家重大战略，主动服务和融入现代化经济体系建设，大力加强了农业、海洋、交通、自然资源、旅游、能源、健康、金融、保险等领域气象服务，成功保障了新中国成立 70 周年、北京奥运会等重大活动和南水北调、载人航天等重大工程，积极引导了社会资本和社会力量参与气象服务，服务领域已经拓展到上百个行业、覆盖到亿万用户，投入产出比达到 1：50，气象服务的经济社会效益显著提升。

面向人民美好生活，我们围绕人民群众衣食住行健康等多元化服务需求，创新气象服务业态和模式，大力发展智慧气象服务，打造"中国天气"服务品牌，气象服务的及时性、准确性大幅提高。气象影视服务覆盖人群超过 10 亿，"两微一端"气象新媒体服务覆盖人群超 6.9 亿，中国天气网日浏览量突破 1 亿人次，全国气象科普教育基地超过 350 家，气象服务公众覆盖率突破 90%，公众满意度保持在 85 分以上，人民群众对气象服务的获得感显著增强。

70 年来，我们始终坚持气象现代化建设不动摇，建成了世界上规模最大、覆盖最全的综合气象观测系统和先进的气象信息系统，建成了无缝隙智能化的气象预报预测系统。

综合气象观测系统达到世界先进水平。气象观测系统从以地面人工观测为主发展到"天—地—空"一体化自动化综合观测。现有地面气象观测站 7 万多个，全国乡镇覆盖率达到 99.6%，数据传输时效从 1 小时提升到 1 分钟。建成了 216 部雷达组成的新一代天气雷达网，数据传输时效从 8 分钟提升到 50 秒。成功发射了 17 颗风云系列气象卫星，7 颗在轨运行，为全球 100 多个国家和地区、国内 2500 多个用户提供服务，风云二号 H 星成为气象服务"一带一路"的主力卫星。建立了生态、环境、农业、海洋、交通、旅游等专业气象监测网，形成了全球最大的综合气象观测网。

气象信息化水平显著增强。物联网、大数据、人工智能等新技术得到深入应用，形成了"云+端"的气象信息技术新架构。建成了高速气象网络、海量气象数据库和国产超级计算机系统，每日新增的气象数据量是新中国成立初期的 100 多万倍。新建设的"天镜"系统实现了全业务、全流程、全要素的综合监控。气象数据率先向国内外全面开放共享，中国气象数据网累计用户突破 30 万，海外注册用户遍布 70 多个国家，累计访问量超过 5.1 亿人次。

气象预报业务能力大幅提升。从手工绘制天气图发展到自主创新数值天气预报，从站点预报发展到精细化智能网格预报，从传统单一天气预报发展到面向多领域的影响预报和风险预警，气象预报预测的准确率、提前量、精细化和智能化水平显著提高。全国暴雨预警准确率达到 88%，强对流预警时间提前至 38 分钟，可提前 3～4 天对台风路径做出较为准确的预报，达到世界先进水平。2017 年中国气象局成为世界气象中心，标志着我国气象现代化整体水平迈入世界先进行列！

70 年来，我们紧跟国家科技发展步伐和世界气象科技发展趋势，大力加强气象科技创新和人才队伍建设，我国气象科技创新由以跟踪为主转向跟跑并跑并存的新阶段。

建立了较为完善的国家气象科技创新体系。我们不断优化气象科技创新功能布局，形成了气象部门科研机构、各级业务单位和国家科研院所、高等院校、军队等跨行业科研力量构成的气象科技创新体系。强化气象科技与业务服务深度融合，大力发展研究型业务。加快核心关键技术攻关，雷达、卫星、数值预报等技术取得重大突破，有力支撑了气象现代化发展。坚持气象科技创新和体制机制创新"双轮驱动"，形成了更具活力的气象科技管理制度和创新环境。气象科技成果获国家自然科学奖 26 项，获国家科技进步奖 67 项。

科技人才队伍建设取得丰硕成果。我们大力实施人才优先战略，加强科技创新团队建设。全国气象领域两院院士 35 人，气象部门入选"千人计划""万人计划"等国家人才工程 25 人。气象科学家叶笃正、秦大河、曾庆存先后获得国际气象领域最高奖，叶笃正获国家最高科学技术奖。一系列科技创新成果和一大批科技人才有力支撑了气象现代化建设。

70 年来，我们坚持并完善气象体制机制、不断深化改革开放和管理创新，气象事业从封闭走向开放、从传统走向现代、从部门走向社会、从国内走向全球。

领导管理体制不断巩固完善。坚持并不断完善双重领导、以部门为主的领导管理体制和双重计划财务体制，遵循了气象科学发展的内在规律，实现了气象现代化全国统一规划、统一布局、统一建设、统一管理，形成了中央和地方共同推进气象事业发展、共同建设气象现代化的格局，满足了国家和地方经济社会发展对气象服务的多样化需求。

各项改革不断深化。坚持发展与改革有机结合，协同推进"放管服"改革和气象行政审批制度改革，全面完成国务院防雷减灾体制改革任务，深入推进气象服务体制、业务科技体制、管理体制等改革，初步建立了与国家治理体系和治理能力现代化相适应的业务管理体系和制度体系，为气象事业高质量发展注入强大动力。

开放合作力度不断加大。 与近百家单位开展务实合作，形成了省部合作、部门合作、局校合作、局企合作的全方位、宽领域、深层次国内开放合作格局。先后与160多个国家和地区开展了气象科技合作交流，深度参与"一带一路"建设，为广大发展中国家提供气象科技援助，100多位中国专家在世界气象组织、政府间气候变化专门委员会等国际组织中任职，气象全球影响力和话语权显著提升，我国已成为世界气象事业的深度参与者、积极贡献者，为全球应对气候变化和自然灾害防御不断贡献中国智慧和中国方案。

气象法治体系不断健全。 建立了《气象法》为龙头，行政法规、部门规章、地方法规组成的气象法律法规制度体系，形成了由国家、地方、行业和团体等各类标准组成的气象标准体系，气象事业进入法治化发展轨道。

70年来，我们始终坚持党对气象事业的全面领导，以政治建设为统领，全面加强党的建设，在拼搏奉献中践行初心使命，为气象事业高质量发展提供坚强保证。

70年来，气象事业发展历程中人才辈出、精神璀璨，有夙夜为公、舍我其谁的开创者和领导者，有精益求精、勇攀高峰的科学家，有奋楫争先、勇挑重担的先进模范，有甘于清苦、默默奉献的广大基层职工。一代代气象人以服务国家、服务人民的深厚情怀，谱写了气象事业跨越式发展的壮丽篇章；一代代气象人推动着气象事业的长河奔腾向前，唱响了砥砺奋进的动人赞歌；一代代气象人凝练出"准确、及时、创新、奉献"的气象精神，激发起干事创业的担当魄力！

70年的发展实践，我们深刻地认识到，**坚持党的全面领导是气象事业的根本保证**。70年来，在党的领导下，气象事业紧贴国家、时代和人民的要求，实现健康持续发展。我们坚持以习近平新时代中国特色社会主义思想为指导，增强"四个意识"，坚定"四个自信"，做到"两个维护"，把党的领导贯穿和体现到气象事业改革发展各方面各环节，确保气象改革发展和现代化建设始终沿着正确的方向前行。**坚持以人民为中心的发展思想是气象事业的根本宗旨**。70年来，我们把满足人民生产生活需求作为根本任务，把保护人民生命财产安全放在首位，把老百姓的安危冷暖记在心上，把为人民服务的宗旨落实到积极推进气象服务供给侧结构性改革等各方面工作，促进气象在公共服务领域不断做出新的贡献。**坚持气象现代化建设不动摇是气象事业的兴业之路**。70年来，我们坚定不移加强和推进气象现代化建设，以现代化引领和推动气象事业发展。我们按照新时代中国特色社会主义事业的战略安排，谋划推进现代化气象强国建设，确保气象现代化同党和国家的发展要求相适应、同气象事业发展目标相契合。**坚持科技创新驱动和人才优先发展是气象事业的根本动力**。70 年来，我们大力实施科技创新战略，着力建设高素质专业化干部人才队伍，集中攻关制约气象事业发展的核心关键技术难题，促进了气象科技实力和业务水平的不断提升。**坚持深化改革扩大开放是气象事业的活力源泉**。70 年来，我们紧跟国家步伐，全面深化气象改革开放，认识不断深化、力度不断加大、领域不断拓展、成效不断显现，推动气象事业在不断深化改革中披荆斩棘、破浪前行。

铭记历史，继往开来。《新中国气象事业 70 周年》系列画册选录了 70 年来全国各级气象部门最具有历史意义的图片，生动全面地记录了气象事业的发展足迹和突出贡献。通过系列画册，面向社会充分展示了气象事业 70 年来的生动实践、显著成就和宝贵经验；展现了气象事业对中国社会经济发展、人民福祉安康提供的强有力保障、支撑；树立了"气象为民"形象，扩大中国气象的认知度、影响力和公信力；同时积累和典藏气象历史、弘扬气象人精神，能够推动气象文化建设，凝聚共识，汇聚推进气象事业改革发展力量。

在新的长征路上，气象工作责任更加重大、使命更加光荣，我们将以习近平新时代中国特色社会主义思想为指导，不忘初心、牢记使命，发扬优良传统，加快科技创新，做到监测精密、预报精准、服务精细，推动气象事业高质量发展，提高气象服务保障能力，发挥气象防灾减灾第一道防线作用，以永不懈怠的精神状态和一往无前的奋斗姿态，为决胜全面建成小康社会、建设社会主义现代化国家做出新的更大贡献！

中国气象局党组书记、局长：刘雅鸣

2019 年 12 月

前 言

地处"世界屋脊"青藏高原东北部的青海省，平均海拔 3000 多米，是黄河、长江和澜沧江的发源地。这里空气稀薄，高山大川间河流密布，湖泊与沼泽众多。为了这块广袤的土地，从 1954 年 8 月青海省政府批准成立青海省气象局的那一天起，青海气象工作者用了 65 年的时间，以团结拼搏、坚忍不拔的毅力，艰苦奋斗、开拓进取的精神书写着一个又一个的神话，创造出了一个又一个的辉煌。

新中国的诞生，为青海气象事业的发展开辟了广阔的前景。一大批有志于为祖国西部建设贡献力量、有志于气象事业的年轻气象工作者在交通不便，没有公路和汽车的情况下，身背背包，牵着驮载气象仪器、电台和蒙古包的骡马、牦牛和骆驼，穿过茫茫草原，穿过浩瀚无垠的戈壁沙漠，跋山涉水，到达巍峨的昆仑山脚下，到达江河源头，安营扎寨，安家落户，架起了百叶箱、风向杆，开始了气象观测发报工作。他们艰苦奋斗，自力更生，逐步开展了地面观测、日射观测、农牧业气象观测等基本气象业务。在全体气象工作者的积极努力下，坚持保护人民、为社会主义建设服务的宗旨，发扬艰苦创业、团结奋斗的精神，取得了显著的成绩。

党的十一届三中全会以后，在中国气象局和青海省委、省政府的领导下，青海省各级气象部门始终坚持把气象服务工作放在首位，进一步解放思想，更新观念深化改革，加强管理，加强气象现代化建设步伐，强化服务意识，明确服务职责，了解服务需求，丰富服务内容，改善服务手段，提高服务质量，为全省经济建设和社会发展提供了重要的气象保障。青海气象工作者以"扎根高原能吃苦,钻研业务比奉献,科学管理创一流,拼搏创新谋发展"的青海气象人精神,在公共气象服务、气象现代化建设、气象科技创新、生态文明气象保障、气象管理体系以及精神文明建设等方面取得了长足发展。

本书所选取的500多幅图片,就是从上述各个方面真实地记录了青海气象事业在发展壮大中,特别是改革开放和西部大开发实施以来,发生翻天覆地变化的全过程,展现了高原特色气象事业的发展道路和取得的巨大成就,展示了为地方经济建设发展以及在防灾减灾中所发挥的重要作用。虽然由于时间紧,所征集的照片还不是很全面,但"见一叶而知深秋,窥一斑而见全豹",希望广大读者能够从中有所收获,得到启发。

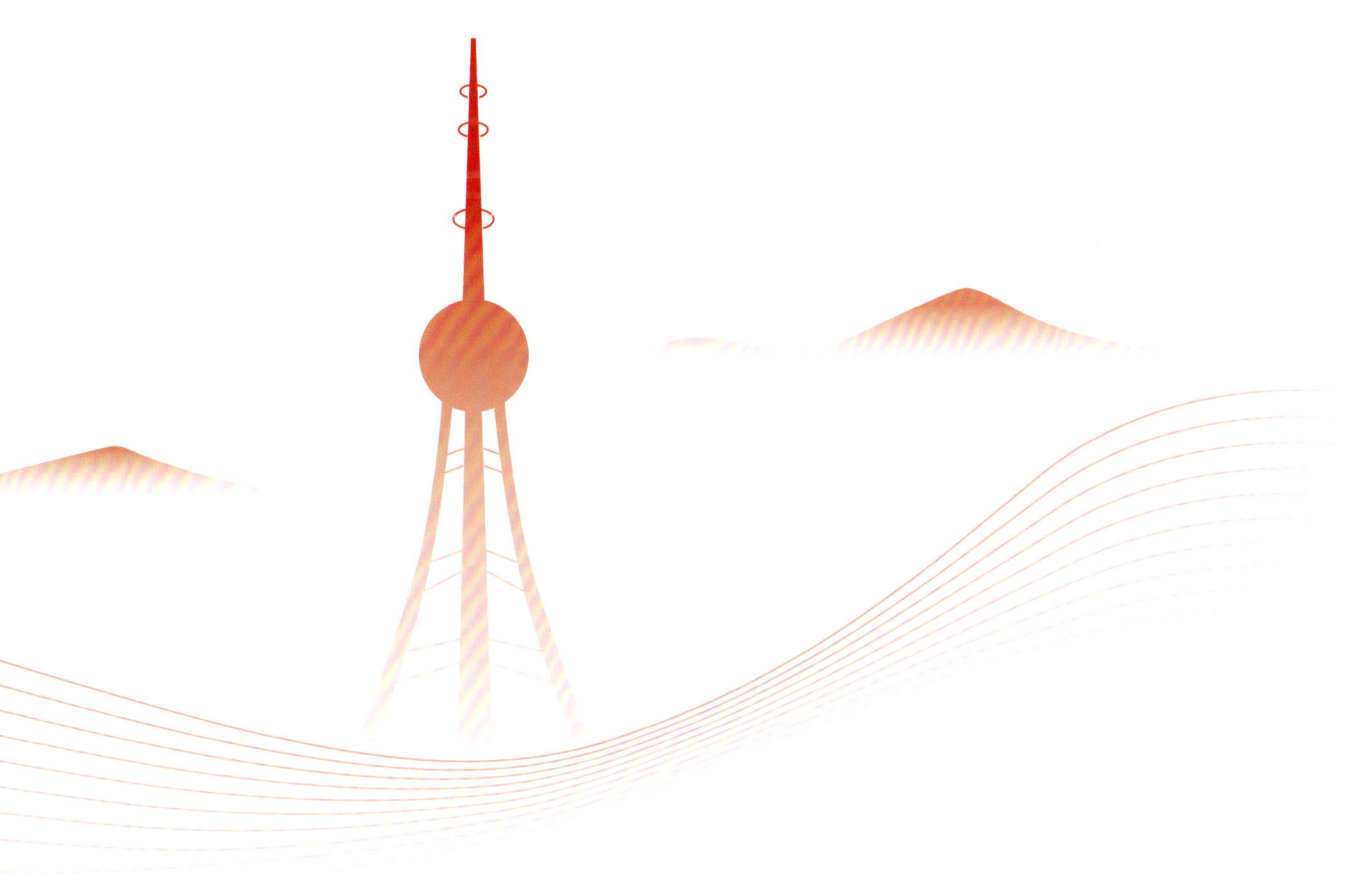

目 录

总序

前言

党和政府亲切关怀篇 ... 1

公共气象服务篇 ... 9

现代气象业务篇 ... 65

气象科技创新篇 ... 87

气象管理体系篇 ... 107

开放和合作篇 ... 131

气象精神文明建设篇 ... 147

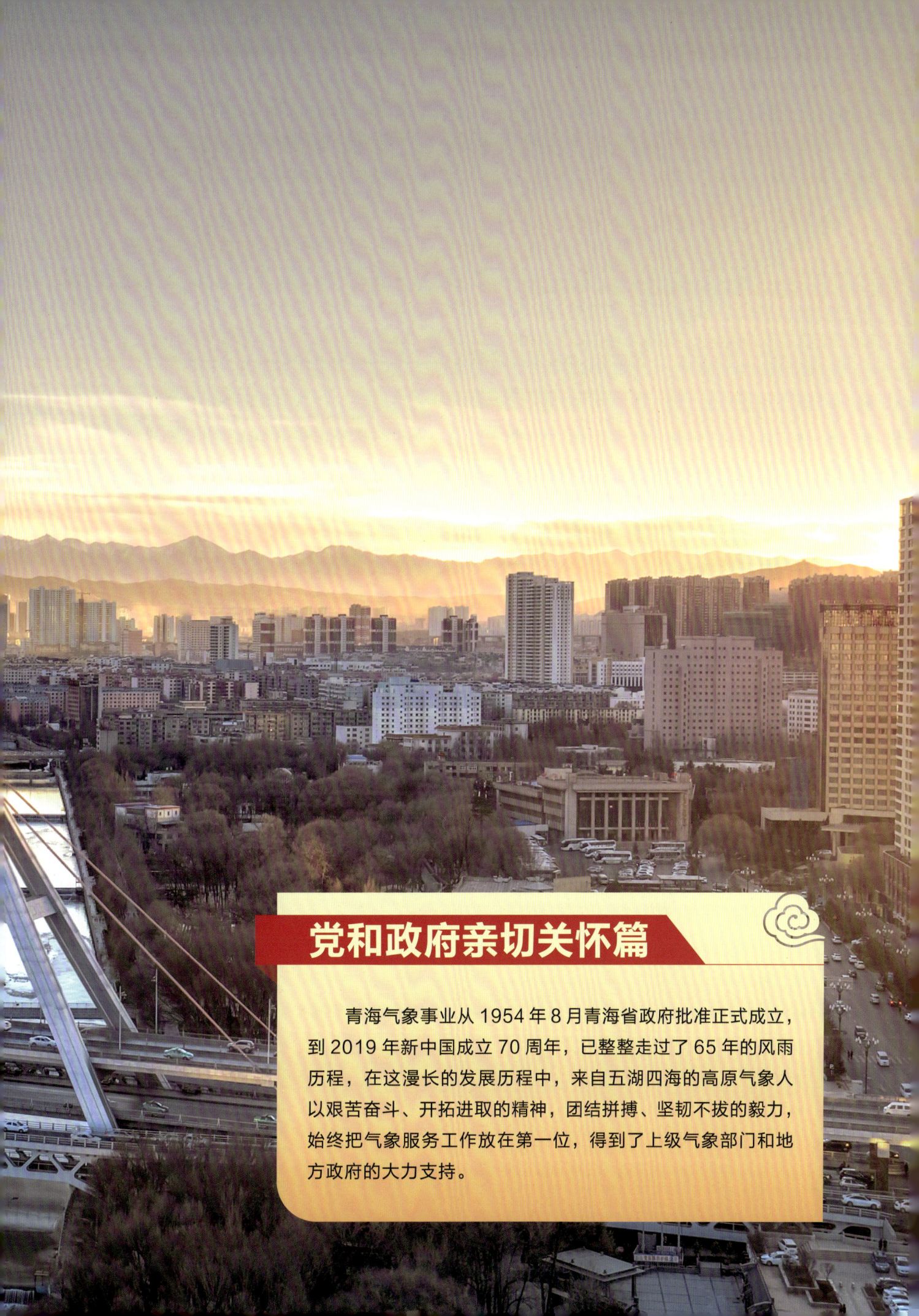

党和政府亲切关怀篇

青海气象事业从1954年8月青海省政府批准正式成立,到2019年新中国成立70周年,已整整走过了65年的风雨历程,在这漫长的发展历程中,来自五湖四海的高原气象人以艰苦奋斗、开拓进取的精神,团结拼搏、坚韧不拔的毅力,始终把气象服务工作放在第一位,得到了上级气象部门和地方政府的大力支持。

▲ 1956年10月15日，青海省副省长孙君一（前排右十）与青海省第二次气象工作会议代表及工作人员合影

▲ 1991年2月，青海省委书记尹克升（左三）到省气象局向广大气象职工拜年

▲ 1998年2月，青海省副省长刘光和（中）到省气象局慰问老干部

▲ 2004年6月，青海省省长杨传堂（中）到青海省气象局调研视察并与青年气象工作者亲切交谈

▲ 2005年9月，青海省总工会领导到青海省气象局慰问生病困难职工

◀ 1991年10月，国家气象局局长邹竞蒙（左二）为青海气象部门题词

◀ 1995年5月，中国气象局副局长温克刚（右二）到青海气象部门调研并深入果洛藏族自治州看望气象职工，了解工作生活情况

◀ 2004年7月，全国政协人口资源环境委员会副主任、原中国气象局局长温克刚（左三）及中国气象局副局长郑国光（左二）一行到青海考察并前往唐古拉山五道梁气象站看望气象职工

◀ 2005年1月，中国气象局副局长许小峰（中）到青海气象部门慰问广大气象职工

◀ 2005年末，青海省副省长穆东升（左三）到青海省气象局看望广大气象职工并了解气象服务工作情况

▲ 2007年3月7日，青海省省长宋秀岩（左）到中国气象局参观考察，与中国气象局局长秦大河（右）就省部合作共建三江源自然保护区人工增雨工程、青海艰苦气象台站生活基地建设等问题进行了磋商

▲ 2007年8月，全国政协副主席李蒙（右四）一行亲切看望青海艰苦气象台站职工，与原中国气象局局长温克刚（左四）秦大河（右二）及清水河气象站职工合影

▲ 2008年8月,中国气象局局长郑国光(中)一行在青海气象部门调研。期间与青海省委书记强卫(右)、青海省委常委、宣传部部长曲青山(左)会谈

▲ 2010年7月,中国气象局局长郑国光(左三)一行来青海检查玉树地震重建工作情况并与青海省副省长邓本太(左二)就气象工作发展进行商谈

▲ 2012年8月,中国气象局局长郑国光(右三)来青海宣布调整省气象局领导班子。在青期间,受到青海省委书记强卫(右四)会见

▲ 2016年1月,中国气象局副局长沈晓农(左三)到青海调研并与青海省副省长严金海(左四)会谈

▲ 2018年2月,西宁市副市长陈红兵(前排中)到西宁市气象局慰问一线气象职工

▲ 2017年7月,中国气象局局长刘雅鸣(左三)到玉树州曲麻莱县气象局慰问指导工作

公共气象服务篇

长期以来,青海气象部门始终把气象监测、预报及防御灾害性天气气候、保护人民生命财产和为地方经济建设服务作为气象工作的根本宗旨。为了加强防灾减灾气象服务工作,青海气象部门已基本建成省市县一体化气象服务业务平台、决策气象服务业务平台、气象灾害风险预警业务平台、青海省生态与农业气象监测评估预警一体化平台等并投入业务运行。在公众气象服务工作中,各级气象部门不断丰富服务内容,通过新闻媒体和公共通信设施,不断增加公众气象服务产品。在为农业生产服务方面深化服务内容,拓展服务形式,取得了很好的经济效益。与此同时,青海省气象部门还利用人工影响天气、卫星遥感监测以及开展气候资源调查与研究等方面积极为生态环境保护发挥积极作用,为各级政府部门开展防灾减灾决策提供了科学依据。

气象防灾减灾

◀ 1994年9月,青海、西藏两省(区)开展雪灾预报会商

◀ 1996年6月,青海省雷电火爆预防研究协会在青海省气象局成立。青海省副省长刘光和(左三)出席成立大会

◀ 2000年9月,中国气象局和青海省政府在西宁市廿里铺气象站举行青海省灾害性天气监测系统开工典礼,中国气象局副局长李黄(右三)、青海省副省长穆东升(右四)出席并讲话

2005 年 5 月，青海省气象局召开汛期气象服务工作动员大会

2007 年 7 月,《中国气象灾害大典·青海卷》发行（赠书）仪式在西宁举行

2007 年 8 月，海西州气象局组织开展突发环境污染气象应急演练

▲ 2007年11月，青海省防灾减灾重点实验室在西宁正式成立并召开第一次学术委员会会议，李泽椿、许焕斌等气象科学家出席会议

▲ 2007年12月10日，青海省政府召开全省气象防灾减灾大会，总结全省气象防灾减灾工作经验，研究部署全省气象防灾减灾工作。中国气象局副局长许小峰（右二）、青海省副省长邓本太（右三）出席会议并讲话

◀ 2008年11月，海北气象预警中心启动仪式举行

◀ 2009年11月，青海省气象局开展青海省重大气象灾害应急演练

▲ 2009年6月,海北州气象局开展汛前业务系统防雷安全检查

▲ 2012年5月,青海省雷电灾害防御中心在青海云天化有限公司开展防雷检测

▲ 2009年7月15日,青海省防雷减灾安全生产先进表彰大会举行

▲ 2010年4月,省气候中心召开汛期气候趋势预测会商会

▲ 2010年7月,格尔木市气象局开展防汛抢险应急演练

▲ 2010年7月,青海省委书记强卫(前右一)、副省长邓本太(后右二)在青海格尔木温泉水库抗洪抢险工作中到气象服务工作组了解情况

▲ 2011年2月,青海省省长骆惠宁(中)在乐都县人工防雹炮点视察工作

▲ 2011年12月,中国气象局副局长沈晓农(右二)在海东地区气象局防灾减灾天气预警中心指导工作

▲ 2012年8月,青海省气象台汛期服务短临预报服务平台工作现场

▲ 2013年1月,青海省气象局与省安监局共同召开青海省安全生产短信平台总结会

▲ 2013年1月,青海省气象局召开青海省十大天气气候事件评选会

▲ 2015年6月,格尔木市气象局组织开展格尔木沙尘暴沙源地普查工作,并结合该地区地形地貌对沙尘暴的形成、走向、影响进行了详细记录及分析

▲ 2015年6月,青海气象灾害防御中心为全国重点文物保护单位塔尔寺实施雷电防护工程

◀ 2015年8月,海东市乐都县气象局开展山洪地质灾害应急演练

◀ 2017年7月,海南州共和县气象局开展气象灾害应急演练

◀ 2016年5月防灾减灾日,青海省副省长匡涌在省气象局展台前咨询指导

▲ 2016年8月,青海省气象局邀请有关部门开展汛期联合天气会商

▲ 2016年9月,中国气象局局长郑国光(左三)到青海考察,在青海省气象台业务平台检查指导工作

人工影响天气

青海省人工影响天气工作一直走在全国前列，从最初的高炮防雹到高炮人工增雨，从高炮人工增雨到飞机人工增雨，从东部农业区到黄河上游地区直到"三江源"，为农业生产防灾减灾以及生态环境保护做出了巨大贡献。

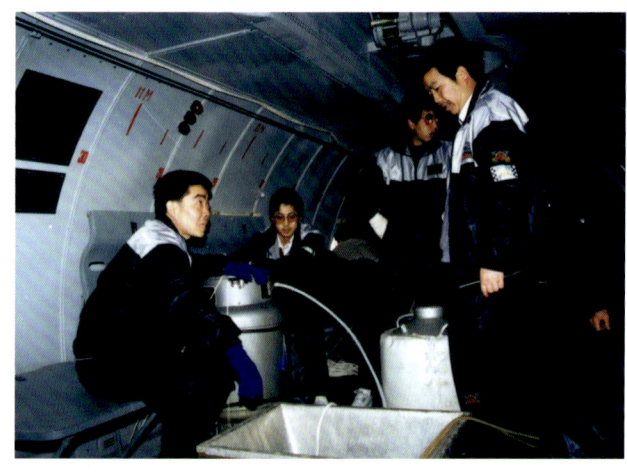

▲ 1992 年 2 月，青海气象部门首次利用飞机在东部农业区开展人工增雨作业

▲ 1992 年 2 月，青海省首次在东部地区实施飞机人工增雨工作。图为青海省人工影响天气办公室同志与机组人员共商人工增雨飞行路线

▲ 1992 年 2 月 14 日，青海省省长金基鹏（左二）到省气象局检查人工影响天气的准备情况，并与气象专家共商人工增雨（雪）方案

▲ 1992 年 3 月，青海省副省长马元彪前往西宁机场看望慰问开展人工增雨机组作业人员

▲ 1992年6月26日,青海省委书记尹克升、省长金基鹏、省政协副主席韩应选、省军区司令员季占斌等党政军领导到省气象局参加人工增雨表彰大会并与受表彰单位和个人合影

▲ 1997年2月,中国气象局副局长刘英金(右一)到青海省气象部门调研并了解人工影响天气工作情况

◀ 1997年7月,青海气象部门作业人员利用三七高炮在黄河上游地区开展人工增雨作业

◀ 1997年12月，青海省政府邀请中国气象局、中国科学院、黄河水利委员会、西北电管局等部门领导和专家对黄河上游人工增雨效果进行检验

◀ 1998年8月，青海气象部门作业人员利用人工增雨火箭在黄河上游地区开展人工增雨作业

◀ 2001年1月，黄河上游人工增雨总结评估会在西宁举行，与会领导及专家对黄河上游人工增雨效果给予充分肯定

2001年12月，中国气象局局长秦大河（左一）在青海省副省长穆东升（左二）的陪同下在省气象局考察人工影响天气工作

2002年8月6日，青海省副省长刘伟平（左三）到省气象局考察人工影响天气工作

2005年8月，青海省副省长穆东升（左三）到湟中、湟源县检查高炮防雹及增雨工作，并看望和慰问高炮作业人员

▲ 2006年3月,青海气象部门开展黄河上游飞机人工增雨作业,技术人员在格尔木机场为人工增雨作业飞机安装增雨焰弹

▲ 2012年2月,青海省海南州气象局组织开展冬春季抗旱火箭人工增雪作业

◀ 2006年4月,青海省副省长李津成(左三)专程到格尔木市调研三江源地区飞机人工增雨工作,慰问作业机组及工作人员,并参加了三江源飞机人工增雨作业首飞式

2012年11月6日，青海省政府在西宁会议中心召开了全省人工影响天气工作会议。副省长邓本太、中国气象局副局长于新文出席会议并作重要讲话。会议表彰了全省人工影响天气先进单位、先进个人

2016年6月，青海省人工影响天气办公室在乐都县举办人工影响天气高炮规范化操作培训班

2016年9月，中国气象局派出一架新舟60人工增雨飞机到青海省开展人工增雨作业

抗震救灾气象服务

2010年4月14日，玉树州发生里氏7.1级地震后，青海省气象局快速反应、迅速行动，第一时间打响了抗震救灾的战斗。在中国气象局和全国气象部门的大力支援、鼎力相助下，全省气象职工上下一心，汇成了强大动力，有力有序有效地开展了玉树抗震救灾工作，并取得了全面胜利。

▲ 2010年4月14日，青海省玉树藏族自治州发生强烈地震，造成人员伤亡和财产重大损失。青海省气象局第一时间派出气象服务人员赶赴地震灾区

▲ 2010年4月14日，玉树大地震后，玉树气象部门职工齐心协力开展自救工作

◀ 2010年4月15日，青海省委省政府抗震救灾领导小组组长、省委书记强卫（左二）听取青海省气象局抗震救灾气象服务工作汇报

▲ 2010年4月18日,玉树州气象台预报会商平台在帐篷中恢复工作并首次开展天气会商

▲ 2010年4月21日,玉树州气象台预报员和省气象台预报员交流天气,及时发出天气预报信息

▲ 2010年4月27日,中国气象局副局长沈晓农(右二)在青海省气象台玉树灾区遥感图前了解抗震救灾气象服务情况

▲ 2010年5月,青海气象部门防雷专家在震区宣传防雷知识

▲ 2010年5月,青海省气象局向玉树地震灾区运送救灾物资

2010年6月，中国气象局副局长王守荣（右二）一行前往玉树地震灾区慰问

2010年10月，中国气象局局长郑国光（右二）一行到青海省气象局慰问指导并检查玉树地震灾后重建工作

2010年8月，玉树州气象局严兴起同志（左）获得全国抗震救灾先进个人称号

气象公共服务

▲ 1991年3月13日,青海省委书记尹克升到青海省气象局视察,在省气象台了解气象服务工作情况

▲ 1993年3月,青海省气象局召开全省气象工作会议,青海省副省长马元彪(左二)出席会议并为气象服务先进集体颁奖

▲ 1993年7月,青海省委副书记桑结加(左二)在省气象局考察,了解预报服务工作

▲ 1995年8月,青海省副省长刘光和(左二)一行到省气象局调研,在省气象台考察气象服务工作

▲ 1996年2月,青海省副省长王汉民(右三)到省气象局考察,了解卫星遥感气象监测服务工作

▲ 1997年12月,中国气象局副局长马鹤年(右二)在青海省气象台考察指导工作

▲ 1998年3月,青海省副省长刘光和(左二)应邀出席全省气象局长会议,为获得中国气象局重大气象服务先进集体颁奖

▲ 1998年12月8日,青海省政协主席韩应选(中)、副主席王孝榆及部分委员到省气象局考察气象服务工作

▲ 1998年12月14日，青海省人大常委会副主任高尼（左二）、青海省副省长穆东升（左四）一行在青海省气象局考察参观

▲ 2003年3月，青海省气象台首席预报员就天气情况接受记者采访

▲ 2004年6月，青海省省长杨传堂（右二）、副省长穆东升（右一）一行在青海省气象局调研，查看利用手机短信开展气象服务工作情况

▲ 2005年1月,青海省副省长穆东升出席全省气象局长会议,为获得先进集体和先进个人者颁奖

▲ 2005年,海东地区互助土族自治县气象局科技人员分析春耕生产期间天气气候状况

◀ 2007年6月17日,中国气象局副局长许小峰(中)在青海省互助土族自治县气象局检查气象服务工作

◀ 2007年11月,青海省气象局局长陈晓光(右)应邀参加青海人民广播电台直播

▲ 2007年12月，青海省气象局举办全省首届天气预报竞赛

▲ 2009年7月，青海省气象台天气会商后向部分媒体介绍汛期天气和气象服务工作情况

◀ 2009年7月，青海省气象台为一些公共场所安装了电子显示屏，努力做好公众气象服务工作

◀ 2009年春节前夕，青海省气象台专家就春节期间天气情况接受记者采访

▲ 2010年10月,中国气象局局长郑国光(中)一行在青海省气象台指导影视气象服务工作

▲ 2011年4月,中国气象局副局长矫梅燕(左二)到青海调研期间在省气象台考察指导气象预报工作

2012年4月,青海省省委书记强卫(中)到省气象局调研,了解影视气象服务工作 ▶

2012年11月,中国气象局副局长于新文(左三)到青海省气象局调研,听取工作汇报 ▶

▲ 2015年2月，青海省副省长严金海（中）春节前夕到省气象局慰问，在省气象服务中心了解气象短信为公众服务工作情况

▲ 2015年3月，青海省气象局领导和专家前往南山西社区听取社区对气象服务工作的意见和建议

▲ 2015年8月，青海省气象局邀请中国气象局公共气象服务中心专家进行讲座

▲ 2015年8月，海东市气象局领导参加电视访谈节目，为广大观众就气象服务工作释疑解惑

▲ 2017年9月，全国政协常委、青海省政协副主席马志伟到青海气象部门调研

气象助力乡村振兴

◀ 1993 年 6 月,青海省气象局领导和专家与大通县政府领导在农村了解冰雹灾情

◀ 1993 年 12 月,青海省气象局召开全省气象为农业服务工作会议并为先进集体和个人颁奖

◀ 1997 年 11 月,首届全国青年农业气象学术交流会在青海省气象局召开

◀ 2004 年 6 月,西宁市湟源县气象局在麦田中开展土壤墒情调查

◀ 2009 年,海东地区气象局依据气象优势积极服务于设施农业取得良好效果,受到农民朋友的好评

◀ 2010 年 1 月,西宁市湟源县气象局安装气象服务大喇叭

▲ 2011年8月,海南州同德县气象局为当地农场开展秋收气象服务工作

▲ 2011年8月,海东地区气象局气象业务人员进行农业区土壤容重的测定

▲ 2012年5月,海东地区气象局开展设施农业服务

▲ 2012年7月，海南州贵德县气象局开展秋收气象服务工作

▲ 2012年8月，西宁市气象局科技人员深入农村开展农业调查

▲ 2014年7月，青海省气象局领导前往海东市互助县观光农业气象服务站指导气象服务工作

▲ 2014 年 7 月，黄南州气象科技人员开展农田气象服务调查工作

▲ 2015 年 3 月，海东市气象局服务人员深入田间地头开展春耕生产气象服务工作

▲ 2015 年 3 月，青海省气象局科技人员在海东地区开展马铃薯种植墒情调查

▲ 2015年3月,省气象科研所与海南州气象局联合开展冬小麦长势和土壤墒情调查工作

▲ 2015年7月,地处柴达木盆地具有独特的光、热、水、土资源的海西州都兰县气象局在枸杞种植地中开展气象服务工作

▲ 2015年12月,平安区气象局召开气象"三农"服务专项重点服务对象培训班

▲ 2016 年 9 月，海南州贵南县气象局为秋收农民送去天气预报信息，受到好评

▲ 2017 年 4 月，格尔木市农业气象服务人员在试验地进行藜麦播种

▲ 2017 年 7 月，海北州气象局气象服务人员在油菜籽种植地调研并查看田间土壤墒情

▲ 2017年10月，化隆县气象局为农民种植菊花脱贫致富开展气象服务工作

▲ 2018年8月，海北州气象科技人员深入田间地头查看油菜籽长势

▲ 2014年，全省气象为农服务工作会议代表观摩尖扎县水产养殖基地气象服务工作

生态气象保障

▲ 1991年3月，青海省部分政协委员到省气象局视察，了解卫星遥感在生态环境监测保护中发挥的重要作用

▲ 1993年6月，青海省卫星遥感信息系统通过专家验收，标志着青海生态环境检测进入新阶段

◀ 1997年6月，兰州区域气候资料工作研讨会在青海省气象局召开

◀ 2002年，青海气象科研人员开展树木年轮与气候变化研究进行野外考察

▲ 2003年6月,青海省省长宋秀岩(右二)到省气象局调研气象部门利用卫星遥感开展生态环境保护工作

▲ 2003年10月,海北州牧业气象实验站业务人员开展牧草种植实验工作

2004年7月,全国政协人口资源环境委员会及中国气象局联合调研组到青海考察调研三江源地区生态环境保护工作,与青海省政府、政协及相关部门领导座谈 ▶

2004年7月,由全国政协人口资源环境委员会和中国气象局联合组成的调研组开展"三江源"和环青海湖地区人工增雨与生态环境监测专项调研工作。图为在省气象局通过卫星遥感了解生态环境保护情况 ▶

▲ 2004年11月,青海省副省长李津成(右三)到青海省气象局考察三江源地区生态环境保护工作

▲ 2006年9月,中国气象局副局长许小峰(左二)在青海省气象局调研,通过卫星遥感信息了解生态环境监测工作

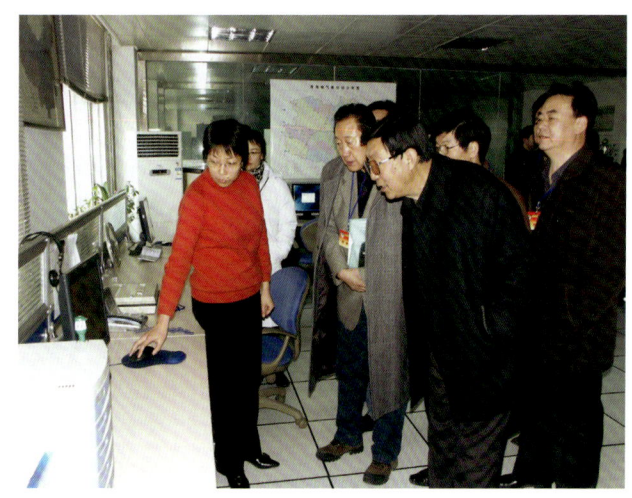

▲ 2007年1月,青海省政协副主席仁青安杰一行到青海省气象局调研,了解卫星遥感在生态环境保护工作中所发挥的重要作用

▲ 2007年2月,青海省风能资源详查和评价项目论证会在西宁举行

▲ 2007年6月,青海气象科技工作者在三江源地区开展"三江源区湿地保护修复技术的引进与示范"项目科学考察工作

▲ 2007年6月,青海省气象局科技人员参与世界自然基金会"长江源媒体考察"活动

▲ 2007年10月,海北牧试站完成环青海湖区土壤和牧草营养成分采样工作

▲ 2007年10月,青海省政协副主席鲍义志(中)及部分政协委员到省气象局调研了解气象为生态环境保护服务工作

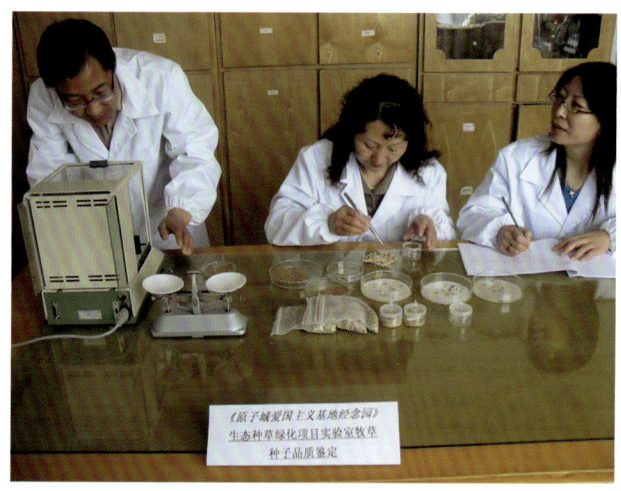

▲ 2007年1月，青海省政协副主席仁青安杰一行到青海省气象局调研，了解卫星遥感在生态环境保护工作中所发挥的重要作用

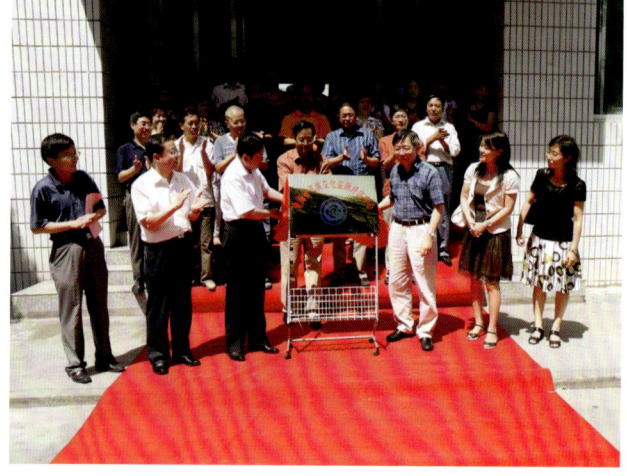

▲ 2007年2月，青海省风能资源详查和评价项目论证会在西宁举行

◀ 2008年8月1日，青海省人民政府举行《青海省应对气候变化地方方案》颁布实施新闻发布会

◀ 2008年8月19日，青海省委中心组召开学习会，邀请中国气象局局长郑国光（左）作题为《高度重视全球气候变化挑战 大力加强我国应对能力建设》的专题报告

▲ 2009年7月,海北州气象局开展农牧业生态观测培训工作

▲ 2009年10月,国家自然科学基金项目"三江源典型区高赛草甸SPAC系统水热平衡分析及数值"落户黄河源头玛多县

◀ 2011 年 11 月 8 日，青海省气象局承担的"青海省风能资源详查和评价项目"通过中国气象局组织的验收

◀ 2015 年 2 月，青海三江源生态保护和建设工程档案工作座谈会暨表彰会在西宁召开

◀ 2016 年 10 月，青海省气象科学研究所在果洛州玛多县开展积雪观测试验

▲ 2017年11月,青海省气象科学研究所在果洛州甘德县试验站进行仪器维护

▲ 2017年12月,省气象科学研究所在果洛州玛多县进行积雪野外观测

▲ 2018年9月，青海省玉树隆宝高寒湿地生态气象试验站

▲ 2018年7月，青海省委副书记、政法委书记刘宁（左）与中国气象局副局长矫梅燕（右）共商三江源生态保护工作

▲ 2018年12月,青海省生态气象保障示范省建设联席会议在省气象局召开,青海省政府副秘书长马锐(中)主持会议,并与参加会议的有关单位领导参观省气象科研所业务平台

▲ 2019年5月,青海省生态气象中心玉树三江源生态气象分中心挂牌仪式在玉树州气象局举行

行业气象服务

▲ 2007年1月,玉树三江源机场建设气象监测设备通过验收

▲ 2007年6月,中国气象局副局长许小峰在青海省龙羊峡水电站了解气象服务工作情况

▲ 2009年7月,海北州气象局为青海省民运会开展气象服务受到好评

▲ 2009年8月,青海省省长宋秀岩(中)充分肯定玉树机场气象服务工作

▲ 2011年5月,青海气象部门在青海湖卫星遥感校正场布放系留浮标

2011年10月,青海省气象局召开青海省公路交通行业气象服务效益评估专家座谈会 ▶

2011年9月,格尔木市气象局为驻军部队训练、试验开展气象服务取得优异成绩并收到部队赠送的锦旗 ▶

▲ 2011年12月,青海省气象部门为海北州祁连县机场建设自动站

▲ 2015年4月,海南州贵德县气象局为"青海贵德黄河文化旅游节"开展气象服务

◀ 2018年8月,为推进青海环境气象业务系统阶段性建设,由中国气象局环境气象中心派出的专家组到青海省气象台开展指导交流工作

◀ 2018年11月,格尔木市气象局与市交警大队签订联合提升青藏公路交通气象服务能力合作协议

"环湖赛"气象服务

环青海湖国际公路自行车赛简称"环湖赛",是青海省委、省政府宣传青海、推动生态立省战略的重要举措之一。为此,青海气象部门每年都采取各项措施为"环湖赛"提供气象保障服务,得到了社会各界的好评。

▲ 2005年7月,环湖赛工作协调领导小组组长、青海省副省长马培华(右一)在贵德现场查看气象部门送去的第一时间赛段天气预报

▲ 2007年7月,环湖赛期间青海省气象局利用先进的移动气象台开展现场服务工作

▲ 2007年7月,环湖赛现场服务工作组在移动气象平台上开展服务工作

▲ 2009年7月，环湖赛上，气象现代化设备成为赛场上一道亮丽的风景线

▲ 2007年7月，青海省气象局副局长王莘为环湖赛第六赛段红色圆点衫获得者颁奖

▲ 2008年7月，青海气象部门环湖赛气象服务保障人员开展现场服务

2017年6月,青海、甘肃、宁夏三省(区)气象部门召开第十六届环湖赛协调会

2017年7月,环湖赛工作协调领导小组组长、青海省副省长韩建华(右二)慰问环青海湖国际公路自行车赛青海气象服务保障组成员

2006年9月,青海省气象局召开环青海湖国际公路自行车赛气象服务表彰会,青海省副省长马培华出席会议并讲话

决策气象服务

◀ 1994 年 5 月，青海省副省长马元彪（中）听取省气象局领导和专家关于做好气象服务工作汇报

◀ 1997 年 1 月，青海省委书记尹克升（右一）听取省气象局领导工作汇报

◀ 1997 年 8 月，青海省副省长王汉民（左一）听取省气象局领导关于汛期气象服务工作的汇报

2005年12月,海北州政府领导一行到青海省气象局调研气象如何为地方经济发展开展决策服务工作

2007年3月,青海省省长宋秀岩(左一)在中央气象台参观调研

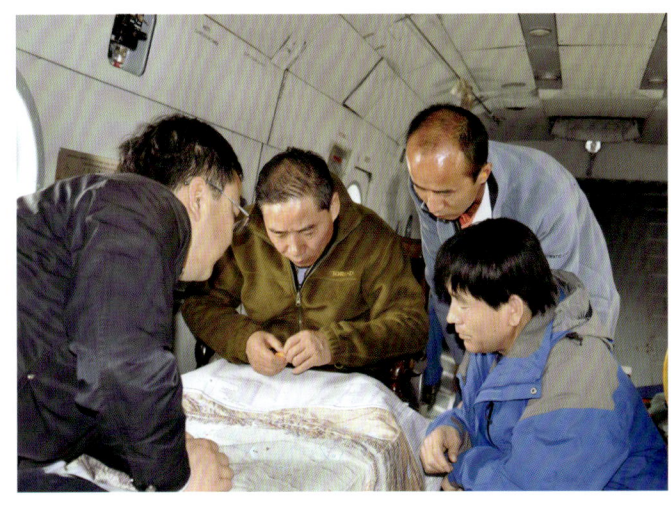

2015年6月,青海省副省长辛国斌(左二)、格尔木市委书记王勇(左一)听取市气象局科技人员气象情况汇报

现代气象业务篇

按照中国气象局以提高气象科技水平和服务能力为核心，遵循"公共气象、安全气象、资源气象"的发展理念，依靠科技创新，按照全面、协调和可持续的总体要求，这些年来，青海气象部门着力推动现代气象业务发展，全面提高气象业务服务能力，不断满足社会需求。目前，已建成符合青海省实际、门类比较齐全、布局合理、自动化程度较高的气象综合探测系统；建成了覆盖全省、连接中国气象局的宽带网络系统和无线应急通信系统，实现天基、地基、空基的有机结合，提供宽带、稳定、畅通、安全的气象信息网络系统，气象信息的通信能力得到极大的改善；以气象服务产品供给侧改革为抓手，努力提高气象预报预测水平，面向公众的气象服务能力不断提升，得到各级领导和社会各界的普遍好评。

综合气象观测

◀ 1958 年海南州共和县气象站观测员在进行日射观测

◀ 1975 年 5 月 4 日，青海省气象局成立青年探空站，业务人员与省局领导合影

▲ 1993 年 7 月，世界上海拔最高的格尔木市沱沱河探空站业务人员在进行雷达高空探测

▲ 1999 年 8 月，果洛州甘德县气象局观测员利用 PC-1500 计算机进行观测数据编报

▲ 2003年9月，西宁新一代多普勒天气雷达建成

▲ 2004年2月，中国气象局局长秦大河（右一）到青海气象部门调研，在湟中县气象局观测场考察

◀ 2004年3月31日，中国气象局副局长李黄（左二）、青海省副省长穆东升（左三）为西宁天气雷达站建成剪彩

◀ 2005年3月，黄南藏族自治州气象局观测员进行地温观测

◀ 2005年8月，沱沱河气象站探空员施放气球进行高空探测

2006年6月,玉树藏族自治州清水河气象站观测员观测云的情况

2006年9月,青海省大气探测技术保障中心技术人员在沱沱河气象站检修自动气象站

2006年11月,青海省地面气象业务技能竞赛颁奖仪式

▲ 2007年4月，海北新一代天气雷达系统预警中心建设举行奠基仪式

▲ 2007年，格尔木市气象局汛期前对L波段雷达进行检修

▲ 2008年5月，青海省气象科学研究所技术人员在玉树隆宝滩自然保护区对自动气象站进行检修维护

▲ 2008年8月，三江源移动探测雷达通过验收

▲ 2008年11月，海南州气象局在铁卜加建设区域自动气象站

◀ 2008年9月，青海省气象局新型应急监测车交付使用

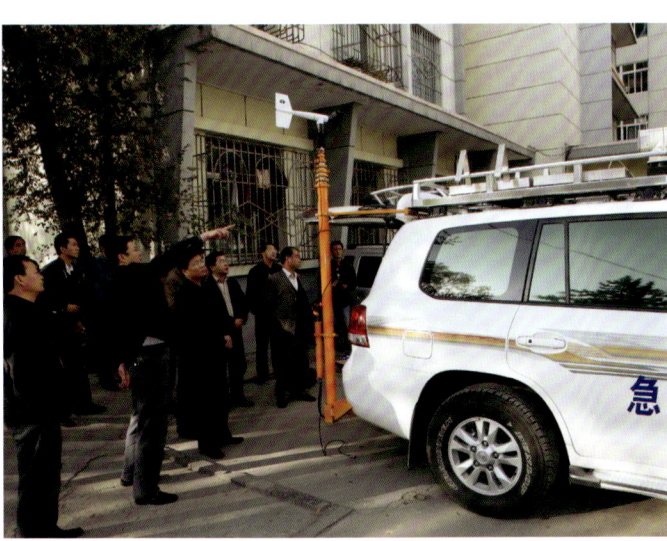

◀ 2008年10月，青海省气象局新型应急管理车通过验收

▲ 2009年2月，青海省气象局、青海省总工会、青海省劳动和社会保障厅联合举办第五届青海省职工职业技能大赛暨首届青海省气象行业地面气象测报业务技能竞赛

▲ 2009年11月，首届青海省气象行业气象测报业务技能竞赛表彰大会

▲ 2018年6月,西宁市第五届职工职业技能大赛县级综合气象业务技能竞赛现场

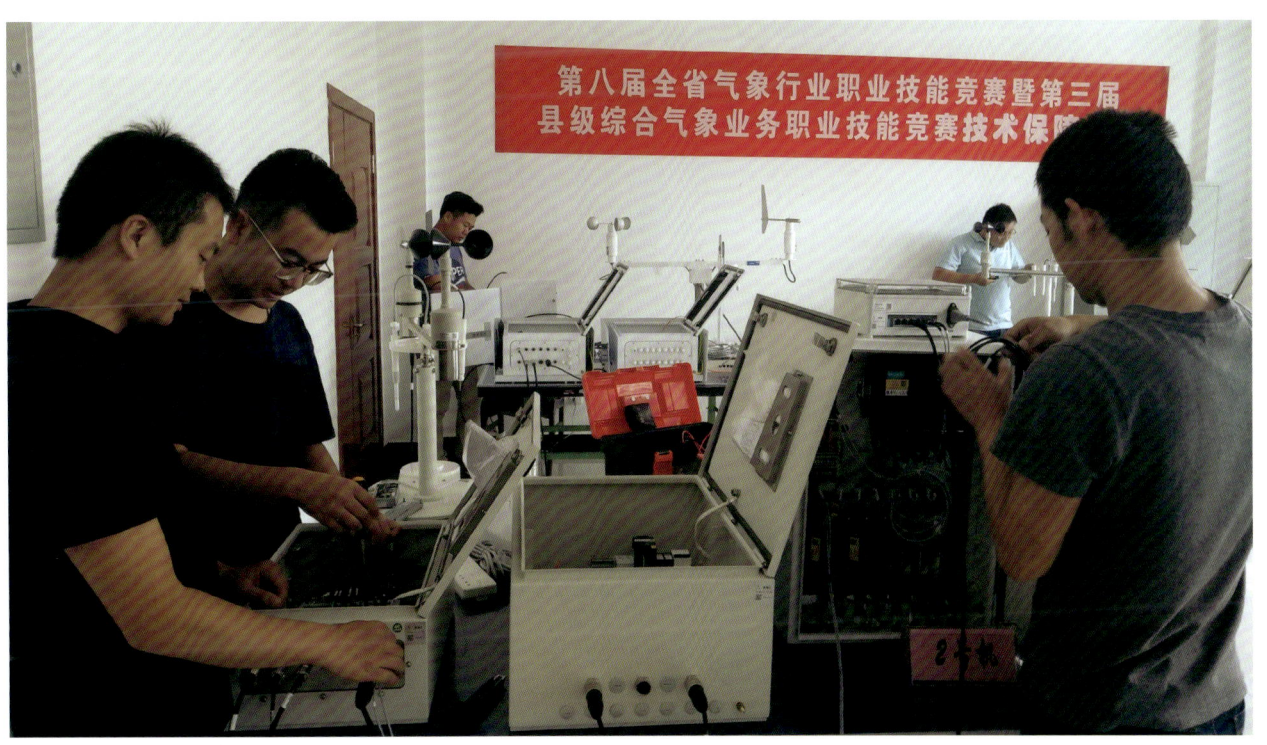

▲ 2018年9月,第八届全省气象行业职业技能竞赛暨第三届县级综合气象业务职业技能竞赛技术保障赛现场

▲ 2009年12月,省气象干部培训学院老师参观西宁市气象站L波段先进高空探测雷达

▲ 2017年11月,海西州气象局在德令哈、乌兰、天峻和大柴旦4个行政区域内完成了8个区域自动站的升级改造工作

▲ 2017年1—12月,青海省气象局在五道梁、清水河、托勒等3个高海拔艰苦台站开展无人值守,实行异地远程观测,在全国率先探索高海拔艰苦台站运行机制。图为实施无人值守观测业务后的托勒气象站

气象预报预测

▲ 1999年6月,青海省黄南州完成9210工程建设,气象通信能力和预报服务水平得到极大的提高

▲ 2000年8月,果洛藏族自治州气象业务人员进行预报分析

▲ 2001年3月,青海省气象台预报人员进行天气会商

◀ 2001年6月,青海省气象台业务平台预报人员全力以赴开展汛期气象服务工作

◀ 2007年10月,果洛州气象台预报人员会商火险等级预报

◀ 2007年12月,青海省第三届职工职业技能大赛暨首届气象行业天气预报技能竞赛总结会表彰会现场

2007年，西北区汛期气候趋势预测会商会

2010年5月，省气象局派遣一批气象预报员到玉树地震灾区开展预报服务工作

2011年7月，青海省气象台举行预报员业务考试现场

▲ 2011年10月,青海省气象台举行省级首席预报员选聘答辩会

▲ 2011年12月底,新组建的西宁市气象台正式运行

▲ 2011年,青海省第三届气象行业天气预报技能竞赛现场

▲ 2012年4月,青海省气象台举办现代天气业务研讨会

气象信息网络

▲ 1972 年 12 月,青海省气象局训练队第一期通信观测业务培训班合影

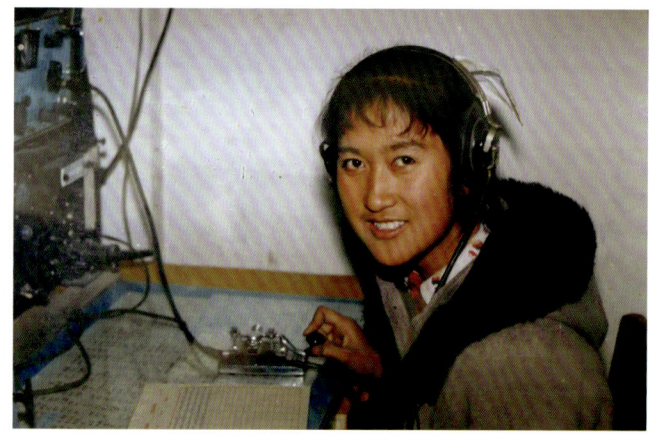

▲ 1985 年 8 月,青海最边远的海西州茫崖气象站报务员正在进行莫尔斯手工发报

▲ 1987 年,青海省气象台报务员进行莫尔斯手工发报

▲ 1989年3月,果洛州班玛县气象站业务人员利用手摇发电机进行无线莫尔斯发报

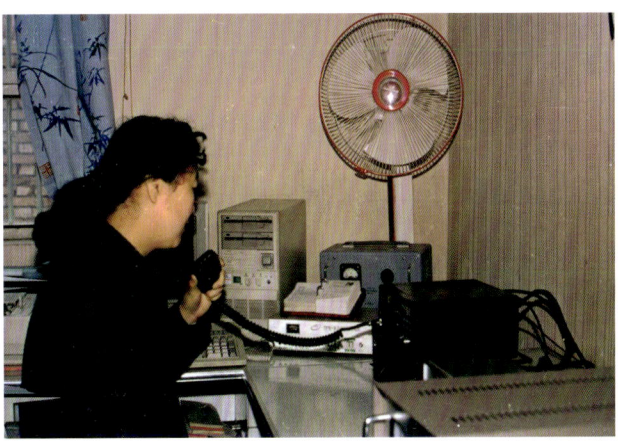
▲ 1995年9月,青海省气象台利用短波单边带进行气象探测数据传输

▲ 2000年1月,青海新一代气象通信网基本建成,气象卫星综合应用业务系统在气象通信和业务发展中发挥了重要作用

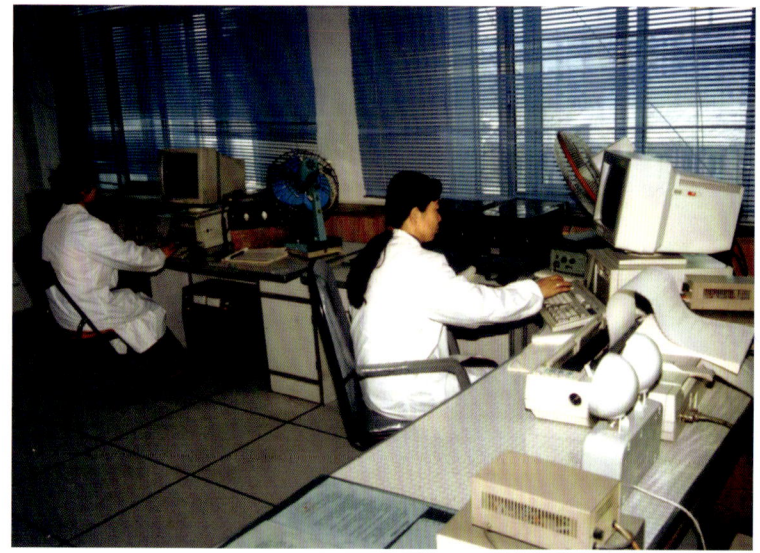

◀ 2000年3月，青海省气象通信台气象卫星综合应用业务系统气象数据传输平台

◀ 2002年1月1日，青海省灾害性天气监测系统（自动气象站）投入运行

◀ 2002年12月，青海省气象局三网合一项目验收会

2003年3月,青海电视天气预报实现主持人播报,结束了长期以来实行"拉洋片"的历史

2003年5月,青海省气象局利用新建成的多媒体教室召开电视电话会议

2004年6月,青海省省长杨传堂到青海省气象局调研,了解气象探测信息数据传输状况

◀ 2005年7月,由福建省人大农业经济委员会、福建省气象局相关人员组成的气象立法调研组来青海调研,参观影视中心

◀ 2006年8月,玉树藏族自治州清水河气象站地面观测人员正在发报

▲ 2008年11月19日,青海省气象信息中心成立

▲ 2012年2月,青海省气象台新改版的藏语天气预报节目喜迎藏历水龙年新年

2012 年 4 月，青海全省气象卫星广播系统 CMACast 正式启用，取代了原来的 PCVSAT 和 DVB-S 接收站系统

2014 年 5 月 8 日，青海省气象局门户网站"青海气象网"改版后正式上线启用

▲ 2018 年 11 月，青海省气象信息中心现代气象信息传输平台

▲ 2018 年 12 月，青海省气象信息中心现代化信息传输机房

气象科技创新篇

长期以来，青海气象部门一直把科技兴气象作为气象事业腾飞的翅膀。特别是进入21世纪，青海气象科研工作紧紧结合气象业务、服务和生产的需要，深化科研体制改革，加强内外合作，建立科技创新体系，加强科技创新能力，积极开展应用研究，在灾害性天气预报方法、农牧业气象、人工影响天气、卫星遥感、生态环境监测等方面取得了可喜的成果。为加强气象科技创新发展，青海省气象局建立起促进人才培养的激励机制，加大了气象部门优秀中青年人才选拔培养力度，使专业技术人才队伍不断壮大。在加强气象科学技术研究和科技创新的同时，气象部门将气象科普纳入到提升全民科学素质和公共服务中，加强组织、广泛动员、创新活动，气象科普宣传取得了良好效果。

气象科技发展

▲ 1992 年 9 月 19 日，青海省气象学会在西宁举行纪念大会，庆祝青海省气象学会成立 30 周年，青海省科协主席殷永章、中国气象学会秘书长彭光宜及青海省科委、省民政厅等单位领导参加会议

▲ 1993 年 6 月，青海省气象培训中心建立多媒体教室开展青少年英语培训

▲ 1993 年 9 月，青海省省气象局组织参加全省科技展览，受到好评

▲ 1994 年 3 月，成立不久的青海省卫星遥感信息中心已在地方经济发展和防灾减灾工作中发挥重要作用

▲ 1994年9月18日,中国气象局副局长李黄(中)到青海省遥感信息中心参观并指导工作

▲ 1995年3月,青海省气象培训中心对社会开展计算机培训

▲ 1996年7月,由青海省气象局编纂的《青海省志·气象志》正式出版

▲ 2007年7月20日,青海省气象学会第十次会员代表大会在西宁召开,听取和审议第九届理事会工作报告,选举产生第十届理事会及其领导机构

◀ 2011年5月,青海省气象科学研究所科技人员在开展"青海湖流域生态水文过程与湿地恢复技术研究及应用"项目试验,2018年,该研究项目成果获青海省科技进步一等奖

◀ 2012年1月11日,在青海省科技厅主持召开全省科技工作会议上,青海省气象科学研究所获全省科技工作先进集体荣誉称号

2017年5月27日,青海省副省长王黎明(左二)和省科协领导向参加科技周宣传活动的青海省气象局同志了解有关气象科技工作情况

2018年10月,由青海省质量技术监督局、甘肃省计量研究院等有关部门组成的现场考核组,对青海省大气探测技术保障中心计量检定机构进行计量标准现场考核

科技人才培养

▲ 1973 年 8 月,青海省气象局训练队第一期观测班学员毕业合影

▲ 1973 年 10 月,青海省气象局训练队统计预报班结业合影

▲ 1992 年 2 月,青海省气象局召开迎新春科技人员茶话会,青年优秀科技工作者在会上发言

▲ 1999年8月,青海省气象局举办气象科技产业管理培训班

▲ 2001年5月,青海省气象局举办雷电防护技术培训班

▲ 2004年,青海省气候中心正研级高级工程师周陆生(右一)指导年轻气象科技工作者开展科学研究工作

◀ 2005 年 7 月，青海省气象局与青海民族学院签署局校合作协议，培养气象科技人才

◀ 2005 年 7 月，青海省气象局与青海师范大学签署局校合作协议，培养气象科技人才

◀ 2006 年 10 月，成都信息工程学院 2007 级大气科学专升本函授班在西宁举办开学典礼

2007年7月，由人事部和中国气象局举办的气候变化与西部生态环境高级研修班在青海省气象局举办，中国气象局副局长王守荣出席并作报告

2007年8月，青海省气象局举办全省农业气象观测培训班，实地学习叶面积仪观测方法

2007年9月，兰州区域气象中心在青海省气象局举办气候变化对西部地区生态环境的影响培训班

▲ 2007 年 12 月，三江源国家公园管理局在省气象局举办青海三江源自然保护区人工增雨工程项目管理人员培训班

▲ 2008 年 1 月，青海省气象局与成都信息工程学院举行局校合作协议签字仪式暨科研项目座谈会

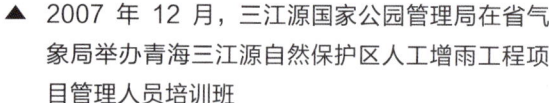

▲ 2008 年 8 月，海东气象局举办气象宣传工作培训会

▲ 2008年8月，青海省天气预报业务MICAPS3.0系统推广应用培训班实习

▲ 2009年1月，青海省大气探测技术保障中心开展DSCN自动站保障培训

▲ 2009年11月，青海省气象局举办第二期全省气象部门县局长综合素质培训班

◀ 2012 年 11 月，青海省气象局基层台站气象技术保障与维护实用人才培训班开学典礼

◀ 2014 年 4 月，青海省大气探测技术保障中心举办基层台站技术保障与维护实用人才培训班

◀ 2014 年 10 月，青海省气象局举办第二期全省县级综合气象业务骨干暨综合气象业务平台推广使用培训班

▲ 2017 年 4 月,青海省大气探测技术保障中心组织技术人员赴格尔木开展气象装备技术保障培训工作,为进一步推进气象业务现代化发展和气象装备保障三级体系建设,更好地服务基层台站发挥了积极作用

▲ 2018 年 1 月,中国大气本底基准观象台被中国气象局授予野外科学试验基地

气象科学普及

▲ 1996 年世界气象日，青海省气象局邀请省体育局有关领导和运动员就当年气象日主题"气象为体育服务"进行座谈

▲ 1998 年世界气象日，青海省气象局各业务平台首度对社会公众开放参观

▲ 1999 年世界气象日，西宁市胜利路小学到青海省气象局参观

▲ 2003 年 5 月，海西州气象局在科技宣传州期间举行形式多样的宣传活动

▲ 2004年世界气象日,青海省气象局、青海省气象学会在西宁中心广场开展宣传活动,受到青海电视台等新闻媒体的关注

▲ 2006年12月,青海省科技厅、省委宣传部、省科协联合命名海东市气象局为青海省气象科普教育基地

▲ 2006年世界气象日,果洛州气象局为科技人员前来参观的中小学学生讲解高炮人工增雨原理

▲ 2006年世界气象日,青海省气象局及省气象学会在西宁中心广场开展宣传活动

▲ 2009年2月,海东地区循化县中小学生到县气象局参观,接受气象科普教育

▲ 2010年9月,海东地区互助县举行气象科普基地授牌仪式

2012年8月,省气象台组织职工前往青海科技馆参观了解气象科技发展的前沿动态

2016年5月防灾减灾日,玉树州中小学校学生到州气象台参观

2016年12月,海西州格尔木市副市长张玲在市气象局科普馆参观并指导工作

▲ 2018年5月,青海省气象局组织全省气象科普讲解大赛获奖选手合影

▲ 2018年6月,玉树州气象局深入中小学校开展气象科普教育讲座

▲ 2018年世界气象日,西宁市古城台小学学生与为他们进行科普讲座的气象科技人员开展互动

▲ 2018年7月,第37届全国青少年气象夏令营在青海举行

气象管理体系篇

　　从 20 世纪 80 年代起,青海省气象部门实行了气象部门和地方政府双重领导、以气象部门领导为主的管理体制。新的管理体制发挥了部门和地方两方面的积极性,有力地推动了气象事业的发展,气象服务能力明显增强。同时,气象部门加强基层党组织建设,充分发挥基层党组织战斗堡垒作用,充分调动气象干部职工的积极性、主动性、创造性,为深化气象改革和气象现代化顺利推进提供保证。在新的管理体制下,气象部门牢固树立法治思维和法治理念,运用法治思维谋划工作,运用法治方式处理实际问题,并结合青海气象工作实际,将气象业务、服务和管理等各项工作纳入法治化轨道,依法履行气象职责,依法管理气象事务,全面推进气象法治建设,推动气象事业发展。

基层党建工作

▲ 2001年9月,青海省气象局对先进党支部、优秀党员、优秀党务工作者进行表彰

▲ 2003年7月1日,青海省气象局新党员入党宣誓

▲ 2004年3月,青海省气象局机关党委换届选举

▲ 2008年5月,为支援汶川地震灾区重建,青海省气象局开展机关党员特殊党费捐款活动

▲ 2008年12月,中国共产党青海省气象局机关第七次党员代表大会召开

▲ 2009年7月,青海省气象局举办党课报告会,局领导授课

▲ 2010年7月，青海省气象台党支部开展慰问老干部老党员活动

▲ 2011年6月30日，青海省气象局召开庆祝建党90周年座谈会

◀ 2012年6月，青海省气象局召开庆祝建党91周年大会并表彰先进党支部

◀ 2015年7月，黄南州气象局组织党员参观中国革命史纪念馆

▲ 2017年6月，青海省人影办党员干部在西路军革命烈士雕塑前重温入党誓词

▲ 2017年6月28日，青海省气象局召开纪念大会，举行新党员入党宣誓和老党员重温入党誓词活动

2018年4月，海南州贵德县气象局与社区党支部联合开展主题党日"传承中华美德"演讲比赛活动 ▶

2018年12月5日，格尔木市气象局党委针对小灶火气象站即将实行无人值守站的现状，组织党员到小灶火气象站开展主题党日活动 ▶

党风廉政

◀ 2000 年 6 月，青海省气象局举办纪检监察干部学习班

◀ 2001 年 8 月 4 日，中纪委驻中国气象局纪检组组长孙先健（左四）在青海省气象部门纪检监察审计研讨会上讲话

◀ 2004 年 2 月，青海气象部门党风廉政建设责任书签字仪式

2006 年 1 月，省气象局领导春节慰问基层气象职工并赠送廉政春联

2006 年 3 月，召开青海省气象纪检监察工作会议

2008 年 3 月，青海省气象局召开全省气象部门纪检监察审计工作会议

◀ 2010年4月,青海省气象局召开《廉政准则》学习报告会

◀ 2012年2月,全省气象部门党风廉政建设工作会议召开

◀ 2012年4月,青海省气象局开展反腐倡廉警示教育参观活动

◂ 2013年1月,青海省气象部门党风廉政建设责任书签订仪式

◂ 2013年5月,青海省气象台党支部开展反腐倡廉警示教育活动

◂ 2014年12月,青海省气象局述职述廉述学报告会

思想教育

▲ 2003年6月，举办青海省气象系统学习贯彻"三个代表"先进事迹报告会

▲ 2005年2月，青海省气象局召开保持共产党员先进性教育活动动员大会

▲ 2007年11月，青海省气象局举办学习贯彻十七大精神报告会

▲ 2008年8月,青海省气象局邀请青海省委讲师团进行解放思想大讨论活动讲座

▲ 2008年11月,青海省气象局举行学习实践科学发展观专题研讨会

▲ 2009年11月,青海省气象局举办党支部书记学习十七届四中全会精神培训会

▲ 2012年12月,青海省气象局召开党组中心组(扩大)专题学习贯彻十八大精神会议

▲ 2013年9月,青海省气象局邀请青海省委讲师团开展民族团结进步工作讲座

▲ 2014年4月,在全省处级领导干部学习班上,青海省委党校教授为学员讲授全面深化改革开放方面的党课

管理体制

▲ 1999年10月,经中国气象局和青海省档案局专家考评,青海省气象档案馆晋升为国家二级档案管理单位

▲ 2001年7月,青海省气象局与青海省人才交流中心举行人事代理签字仪式

▲ 2001年12月,西宁市气象局、青海省气象台、海东地区气象局举行交接仪式,新组建的西宁市气象局正式开始运行

◀ 2001年11月,青海省气象局召开气象部门机构改革工作会议,安排机构改革工作

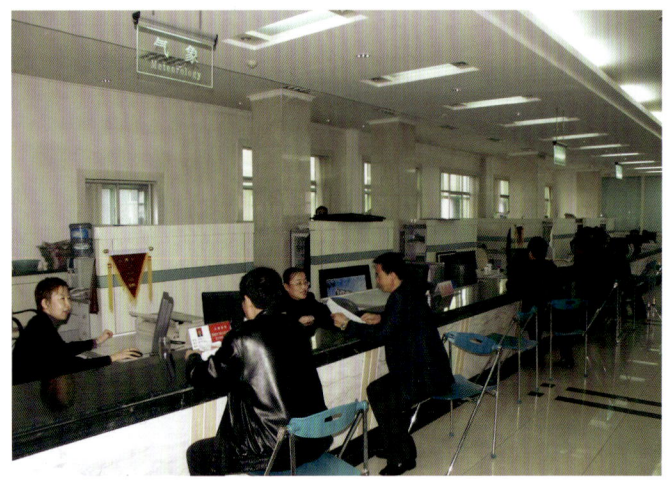

◀ 2005年3月,西宁市行政审批服务中心"气象窗口"进驻行政审批大厅两年来,雷电防护工程施工图文件和施放系留气球审批手续办结率100%,被评为"优秀服务窗口"

◀ 2005年中国气象局副局长许小峰在青海调研期间,在省气象局作中国气象事业发展战略报告

2006年4月,青海省气象局召开业务技术体制改革动员大会,并印发《青海省业务技术体制改革实施方案》

2006年7月,青海省气象局举办直属单位关键岗位公开招聘答辩会

2007年1月,青海省气象局录用公务员面试考场

◀ 2007年11月，青海省气象局举办应急管理培训班，中国气象局和安徽省气象局有关专家应邀到培训班授课

◀ 2007年12月，青海省气象局召开全省气象部门事业单位岗位设置管理启动大会

◀ 2008年12月，青海省气象局全省气象部门人事管理工作培训班在西宁开班

2009年7月,青海省气象局举办气象台站史编纂培训会

2010年8月,中国气象局副局长王守荣在青海气象部门调研并在省气象局作气象事业发展"十二五"规划编制工作报告

2012年2月,青海省气象局召开全省气象部门青年干部挂职锻炼会议

▲ 2012年5月,青海省气象部门公开选拔副处级领导干部面试考场

▲ 2012年12月,青海省气象局召开全省气象人事人才工作研讨会

▲ 2016年9月,青海省全面推进气象现代化工作会议在西宁召开,中国气象局局长郑国光及青海省副省长严金海出席会议

气象法治建设

▲ 1995 年 8 月 18 日，青海省气象局召开纪念《中华人民共和国气象条例》颁布实施一周年座谈会。省人大常委会副主任高尼（左二），以及省政府办公厅、省科委、科协、水利厅、农林厅、环保局、法制局等有关部门领导应邀参加会议

▲ 1999 年 12 月，青海省气象局组织气象部门职工上街开展《中华人民共和国气象法》颁布实施宣传活动

▲ 2000 年 7 月，青海省气象局举办气象行政执法骨干培训班

▲ 2002 年 12 月，青海省气象局邀请省政府以及省人大有关部门领导就《气象法》颁布实施三周年举行座谈

▲ 2003年8月，青海省人大农牧环保委组织气象部门及多家媒体对果洛州、海南州及所属县进行首次《气象法》联合执法检查

▲ 2004年7月23日，青海省政府召开常务会讨论并通过《青海省灾害性天气预警信号发布暂行办法》，图为前期论证会现场

◀ 2006年6月，全国人民代表大会农业与农村委员会调研《气象法》执行情况，在省气象局参观调研

◀ 2007年8月，青海省政府法制办公室主持召开《青海省生态监测条例（草案）》立法论证会

▲ 2007年8月,全国气象行政许可和行政执法经验交流与研讨会在西宁召开,会议深入探讨和研究了进一步规范和推动气象行政许可工作的途径和措施

▲ 2008年11月27日,中国气象局在北京组织召开了《青海省应对气候变化办法》专家论证会。全国人大环资委、国务院法制办、农业部、中国气象局、青海省政府法制办、青海省气象局等部门专家参加了论证会

2009年7月,青海省气象局举办▶"华云杯"气象法律法规知识竞赛抽奖仪式

2011年12月,青海省气象局组▶织开展全国法制宣传日宣传活动

▲ 2012年5月，青海省法制宣传教育条例答题竞赛活动青海省气象局考场

▲ 2012年7月，青海省气象局与西宁市气象局联合开展送法下乡活动

▲ 2013年9月,青海省人大常委会在省气象局召开《气象法》执法检查汇报会

▲ 2014年11月,青海省人大常委会审议《青海省气象灾害防御条例(草案)》

开放与合作篇

改革开放为青海气象事业发展注入新的活力。根据《联合国气候变化框架公约》，1994年9月，在青海省海南州瓦里关山建成的中国大气本底基准观象台海拔3816米，是世界气象组织在欧亚大陆唯一的大气本底基准观象台，其所获取的特种资料和各项科研成果对于全球来讲，具有不可替代的重要作用。由中国气象局引进建设的青海省灾害性天气监测系统在青海高原建成并投入业务试运行，标志着我国气象大气监测自动化特别是地面探测自动化跨入了一个新的历史阶段。多年来，围绕气象科技创新及业务发展需求，青海各级气象部门及业务单位不断强化与国内科研院所、高校等方面的合作，以科研项目联合攻关、共建重点实验室、打造联合中心等形式，建立共赢机制，完善开发创新合作平台，为新时期气象事业发展提质增效做出努力。

◀ 1985年6月，澳大利亚人工影响天气专家凯恩·比格博士偕同夫人罗宾（鸟类学家）受青海省省长黄静波邀请到青海考察讲学。后在前往青海湖考察途中罗宾夫人因车祸去世。图为两位外国专家车祸前在省气象局领导陪同下与省长黄静波（前排右三）合影

◀ 1992年11月，中国气象局副局长李黄到青海湖畔为1985年6月专程前往青海湖考察因车祸去世的澳大利亚鸟类学专家罗宾夫人扫墓，深切缅怀这位可敬的鸟类学家

◀ 2000年8月，中国气象科学院与青海省气象局联合实施科研课题协作会

2000年10月,芬兰国家气象局局长雅梯拉教授(中)一行在青海省气象局访问交流

2004年9月,青海省气象局邀请中国科学院院士汤懋苍讲课

2005年8月31日,青海省人民政府和中国气象局在西宁举行建设三江源人工增雨体系合作协议的签字仪式,中国气象局副局长许小峰(左)和省人民政府副省长马建堂(右)出席签字仪式并讲话

▲ 2006年8月16日,由国家气象中心与青海省气象局在西宁联合召开的2006年我国北方地区生态气象业务发展交流研讨会

▲ 2007年10月,新华通讯社青海分社与青海省气象局气象新闻信息共享与发布签字仪式举行

▲ 2007年11月,中国工程院院士李泽椿与青海省气象局科技工作者座谈

▲ 2008年3月,德国生态环境教育学专家博慈到省气象局考察交流

▲ 2008年6月,受商务部委托,由中国气象局培训中心举办的"气候及气候变化国际培训班"近50名学员到青海省气象部门进行考察和部分内容的培训

▲ 2008年9月,中国气象报社与青海省气象局开展对口交流活动

▲ 2009年6月,青海省气象台与兰州大学大气科学学院开展气象预报科研合作

▲ 2010年12月,青海省旅游局与青海省气象局举行合作协议签字仪式

▲ 2011年6月，青海省气象台邀请国家气象中心专家前来指导气象预报工作

▲ 2011年12月，甘肃省酒泉市气象局在青海省气象台进行学习交流

▲ 2012年9月，青海省农牧厅与省气象局举行合作协议签字仪式后农牧厅领导在省气象台参观

▲ 2012年9月12—14日，中国气象局副局长沈晓农（左二）陪同世界气象组织主席戴维·格莱姆斯（右一）一行到青海气象部门参观访问。图为在青海省气象台参观

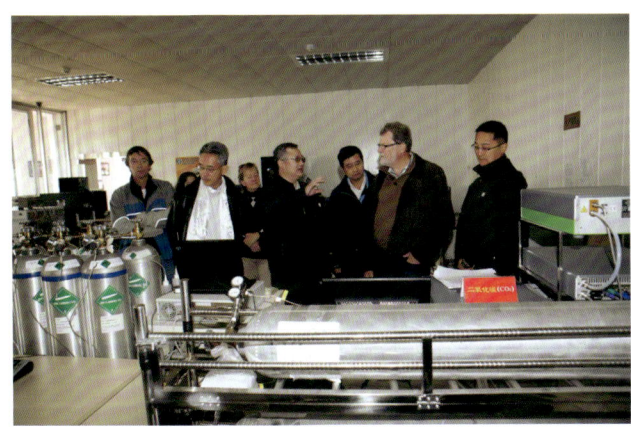

▲ 2012年9月12—14日，中国气象局副局长沈晓农（右三）陪同世界气象组织主席戴维·格莱姆斯（右二）一行到青海气象部门参观访问。图为在中国大气本底基准观象台参观

▲ 2013年12月，青海省气象局与青海省环保局就加强合作进行座谈

◀ 2015 年 8 月，德国气象局长一行到青海省气象部门调研，参观省气象台

◀ 2016 年 8 月，宁夏回族自治区气象局气象专家在格尔木市考察为枸杞种植开展气象服务工作

◀ 2017 年 5 月，青海省气象局邀请中国气象局气象干部培训学院专家讲课

2011年7月,南京信息工程大学校领导一行到青海省气象局调研参观

2017年9月,中国气象局机关服务中心与青海省气象局对口交流合作签字仪式举行

2015年12月,青海省气象局与青海省林业厅签署合作协议,将在森林草原防火,生态文明建设等方面开展合作

▲ 2016年9月,中国气象局局长郑国光(左)与青海省省长郝鹏(右)签署战略合作协议,共同推进气象现代化建设

▲ 2019年7月,青海省气象局与省地震局签署合作协议,共推全省防灾减灾救灾能力提升

中国大气本底基准观象台

▲ 坐落在海南州瓦里关山的中国大气本底基准观象台

▲ 1994年9月17日，中国大气本底基准观象台在青海省海南州瓦里关山建成并挂牌。中国气象局副局长李黄（中）、青海省副省长马元彪以及世界气象组织官员出席挂牌仪式

▲ 1994年9月17日，中国气象局副局长李黄（右三）与出席中国大气本底基准观象台挂牌仪式的世界气象组织官员在实验室参观

▲ 1994年9月17日，中国气象局副局长李黄（右二）、青海省副省长马元彪（左二）在中国大气本底基准观象台参观

◀ 2004年7月30日，青海省政协主席桑结加（中）及部分政协委员到中国大气本底基准观象台调研参观

◀ 2006年10月，青海省省长宋秀岩（右一）、青海省副省长穆东升（右二）一行到中国大气本底基准观象台调研指导工作

2005年8月18日，由中国气象局、世界气象组织、中国科技部、国家自然科学基金委员会等共同发起的"全球大气观测国际研讨会暨瓦里关本底台十周年纪念会"在西宁召开，来自美国、加拿大等8个国家的19名代表以及国内有关部门的近百名代表出席会议，中国气象局局长秦大河和省政府副省长马培华出席会议

2005年8月18日，中国气象局局长秦大河（左）及中国科学院院士孙鸿烈（右）为"国家生态与环境野外科学观测研究站网络——瓦里关大气成分本底国家野外站"揭牌

2005年8月，参加"全球大气观测国际研讨会暨瓦里关本底台十周年纪念会"的中国气象局局长秦大河（左一）、中国科学院院士孙鸿烈（左二）在本底台调研指导工作

▲ 2007年6月,青海省副省长邓本太(右二)到青海省气象局调研并到中国大气本底基准观象台西宁基地指导工作

▲ 2011年11月,外国专家在中国大气本底基准观象台与青海气象科技人员开展科学研究试验

▲ 2015年5月23日,青海省海南藏族自治州的中国大气本底基准观象台德力格尔研究员(中)和他率领的中国大气本底基准观象台温室气体本底浓度观测队获得"周光召基金奖"

▲ 2015年7月,德国气象局长一行到青海调研并前往中国大气本底基准观象台参观

气象精神文明建设篇

　　青海气象台站偏远，工作辛苦、环境艰苦、生活清苦。老一辈气象工作者当年来到青海，自力更生，艰苦创业，把青春无私奉献给高原气象事业。从青海气象工作开展的那天起，就是因为这些开拓者有一种大无畏的革命乐观主义精神激励着他们奋发有为，勇往直前。多年来，青海气象人始终坚持把精神文明建设的成果体现在物质文明建设的促进上，把物质文明建设的成果体现在精神文明建设的支持上。两者有机结合，保证了两个文明建设的协调发展，促进了青海气象事业的发展。

艰苦创业

在新中国成立之前,青海几乎没有"气象"可言。新中国的诞生,为青海气象事业的发展开辟了广阔的前景。老一辈气象工作者发扬艰苦创业、团结奋斗的精神,励精图治、栉风沐雨,写下了一个又一个辉煌。

◀ 1953 年 7 月,兰州集中训练大队转报台学员合影

◀ 1953 年 7 月,格尔木气象站同志合影

1953 年 11 月，西北军区司令部气象处处长刘殿英（老红军、中）与兰州气象训练大队部分青海学员合影

1953 年，黄河沿气象站全体职工合影

▲ 1953年，西北军区司令部气象处测政科部分人员合影

▲ 1955年4月，恰卜恰气象站同志合影

◀ 1955年7月，一批刚从北京气象学校毕业分配到青海气象部门工作的学生，在刚成立不久的青海省气象局大门前与局领导合影

◀ 1955年，省气象局地面测报组探讨提高测报业务质量工作

▲ 1956年10月，青海省第二次气象工作会议通讯工作代表合影

▲ 1956年，德令哈气象站全体同志合影

◀ 由于冬天室内潮冷，青海省气象局行政单位同志经常在室外温暖的阳光下学习（1956年拍摄）

◀ 1956年，江西沟观测员在毡房前合影

▲ 1956年，唐古拉山五道梁气象站同志合影

▲ 1957年3月，青海省气象先进工作代表会议全体代表及工作人员合影

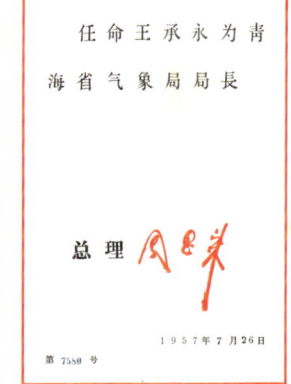

◀ 1957年7月26日，中华人民共和国国务院总理周恩来签署任命书，任命王承永为青海省气象局局长

◀ 20世纪70年代，青海省气象局第一任局长王承永（老红军、前排右一）家人合影

▲ 1957年，青海省海西州茫崖气象站值班室前全体同志合影

▲ 1958年，江西沟气象站迁站合影留念

1958年4月，青海省气象台站长会议全体代表及工作人员合影 ▶

1959年8月，青海省气象局首批劳动锻炼同志合影 ▶

◀ 1959 年，平息西藏叛乱后，果洛藏族自治州吉迈气象站同志配枪坚守岗位

◀ 1959 年，西宁气象学校测报三班学生毕业留影

▲ 1960—1962 年，青海省气象局在海南州共和县河卡草原上办起了机关农场，图为农场部分职工的合影照片

▲ 1961 年，在我国"三年困难时期"，青海省气象局职工在青海湖打鱼，开展生活自救

老干部工作

▲ 2000年9月,青海省气象局举办气象部门老干部工作人员培训会

▲ 2003年9月,青海省气象局部分老干部到西宁雷达站参观

▲ 2003年10月，青海省气象局老干部在干休所画展上相互交流

▲ 2004年9月，青海省气象局举办老干部书画、花卉展览

◀ 2005年春节前夕，中国局副局长许小峰（右二）到青海气象部门部分老干部同志家中慰问

◀ 2007年1月，中国局副局长王守荣（右一）到青海气象部门部分老干部同志家中进行春节慰问

◀ 2008年9月，青海省气象局举办老干部书画展

2010年3月,青海省气象局举行离退休干部工作情况通报会

2011年11月,中国气象局副局长沈晓农为青海省气象局"全国先进老干部工作者"获得者凡明强同志颁奖

2016年6月30日,青海省气象局老干部在省局举办的庆祝中国共产党成立95周年歌咏比赛上表演大合唱

气象奉献

◀ 1961 年春季，青海省气象局干部职工参加义务劳动

◀ 1990 年 4 月 26 日，青海省海南州发生地震，河卡气象站职工在帐篷中开展抗震救灾气象服务工作

◀ 1990 年 8 月，格尔木市五道梁兵站为气象职工送生活用水

1991年世界气象日，青海省气象局邀请解放前就从事过气象观测工作的两位老人参观并讲述工作经历

1995年10月19日，中国气象局副局长温克刚（左二）为在青海工作四十多年的青海省气象局局长徐建伟（左三）即将退休的欢送会上赠送纪念品

1999年9月，著名电影艺术家秦怡（左二）为创作反映青海气象事业发展的电影《青海湖畔》到青海气象部门体验生活，受到省委省政府领导的接见

▲ 2005年3月，青海省海北州海北沟气象站职工在冰河里拉生活用水

▲ 2008年5月12日，四川省汶川地区发生强烈地震，青海气象部门职工得知消息后踊跃捐款献爱心

▲ 2008年7月，在青海最艰苦台站之一的清水河气象站，气象职工在高空维护气象设备

▲ 2010年4月14日，青海玉树地区发生强烈地震，青海气象部门在积极做好抗震救灾服务的同时踊跃捐款支援地震灾区重建

▲ 2010年5月，玉树发生特大地震后省气象局技术人员冒着大雪严寒在214国道建设自动气象站，为交通运输线提供快速、准确、动态的实时气象监测信息

▲ 2012年12月，唐古拉山五道梁气象站职工进行地面观测

◀ 2014 年 9 月,电影《青海湖畔》在西宁开机,著名电影艺术家秦怡(中)在开机仪式上

◀ 2018 年 6 月,在世界最高探空站沱沱河气象站气象职工齐心协力开展水电解制氢自动干燥装置建设工作

◀ 2017 年 4 月,青海省文明办和省气象局联合召开青海"最美气象人"命名表彰大会,对获得"最美气象人"称号的 5 位先进个人以及获得"最美气象人"提名的 3 位同志进行表彰

气象文化

1991 年 2 月,青海省气象局举办迎新春文艺晚会

1992 年 2 月,青海省气象系统举办首届职工文艺汇演

1993 年 12 月,青海省气象局举办纪念毛泽东诞辰 100 周年文艺演出

▲ 1994年10月21日,青海省气象局举办成立40周年文艺汇演

▲ 1996年9月,青海省气象局举办"人影杯"歌咏比赛

◀ 1999年10月,青海省气象局举办庆祝新中国成立50周年文艺汇演

◀ 2004年9月,青海省气象局举办迎国庆职工卡拉OK歌咏比赛

▲ 2005年8月,青海省气象局举办建局50周年局庆晚会

▲ 2009年8月,青海省气象台排练的节目参加省直机关国庆文艺汇演

2009年9月,格尔木市气象局举办▶迎国庆唱红歌文艺演唱会

2009年9月,青海省气象局举办"祖国颂"大型歌咏比赛▶

◀ 2011年6月，中国共产党建党90周年之际，青海省气象局举办红歌演唱会

◀ 2016 年 6 月 30 日，青海省气象局举办庆祝中国共产党成立 95 周年歌咏比赛

◀ 2018 年 2 月，青海省气象服务中心举办"新时代，新征程"迎新春联谊会

1957年，青海省气象局成立了第一支篮球队

2003年3月，青海省气象局举办庆"三八"健身比赛活动

2005年5月，青海省气象局举办建局50周年全省篮球比赛，图为开幕式现场

▲ 2005年5月,全省气象部门篮球比赛现场

▲ 2006年4月,海东地区气象局在海东地直机关拔河比赛上取得佳绩

▲ 2007年3月,青海省气象局女职工参加青海省迎奥运"三·八"妇女健身大赛取得好成绩

▲ 2007年5月，青海省气象部门举办第三届运动会田径赛现场

▲ 2007年11月，青海省气象局举办"迎奥运"职工羽毛球赛

▲ 2009年1月，青海省气象局举办气象职工跳绳比赛

▲ 2009 年 4 月,青海省海东地区气象局举办爬山比赛

▲ 2013 年 6 月,青海省气象局在西宁市体育场举办广播体操比赛

◀ 2016 年 4 月,青海省气象局举办五一国际劳动节登山比赛

◀ 2019 年 5 月,青海省气象部门第六届职工运动会在西宁市举行

▲ 1991年11月,青海省气象局举办美化生活美化家庭展览

▲ 1992年3月,青海省气象局上街开展"为您服务"活动

1993年12月,青海省气象局举办纪念毛泽东诞辰100周年像章展 ▶

1994年10月21日,青海省气象局举行成立40周年庆祝大会和文艺晚会,青海省委书记田成平(中)出席大会并讲话 ▶

▲ 1995年6月,青海省气象局组织职工参观邓小平生平展

▲ 1999年8月,青海省果洛藏族自治州甘德县气象职工开展业余读书活动

◀ 2001年12月25日,青海省气象局召开青海省文明系统命名授牌大会,中国气象局局长秦大河(右)、青海省副省长穆东升(左)出席会议

◀ 2002年12月,青海省气象局举办迎新年知识竞赛

▲ 2008年6月,青海省气象局职工参加奥运会高原古城传圣火传递活动

▲ 2009年10月,青海省气象局举办庆祝新中国成立60周年摄影作品展

2013年7月,青海省气象局组织开展新闻摄影协会会员摄影实践活动 ▶

2014年8月,青海省气象服务中心举行军事拓展训练 ▶

◀ 2015年4月,玉树州气象局青年志愿者服务队授旗仪式

◀ 2016年3月,青海省海南州贵南县开展社会主义核心价值观道德讲堂活动

◀ 2018年3月,青海省海南州贵德县气象局前往敬老院开展尊老、敬老、助老、爱老活动

气象扶贫

1991年12月,青海省气象局在乐都县亲仁乡开展帮扶活动

2011年12月,海东地区气象局在贫困山村开展扶贫工作

2011年12月,海南州气象局在贵德县农村开展扶贫活动

▲ 2012年2月，青海省气象局开展文化下乡和宣讲中央1号文件精神活动

▲ 2012年4月，黄南州泽库县气象局开展扶贫活动，向牧民群众发放大米及面粉

◀ 2012年7月，青海省气象局领导出席黄南州气象局在泽库县开展的"五送五帮五推"活动

◀ 2016年1月，玉树州气象局在曲麻莱县乡村开展扶贫活动

▲ 2016年2月，黄南州气象局春节前夕到定点贫困村开展扶贫送温暖活动

▲ 2017年4月，青海省气象局在海东市贫困山区开展扶贫帮困活动，为贫困户发放面粉

2017年6月，青海省海东市循化县气象局开展扶贫工作 ▶

2017年10月，青海省果洛州达日县气象站深入贫困牧区开展扶贫活动 ▶

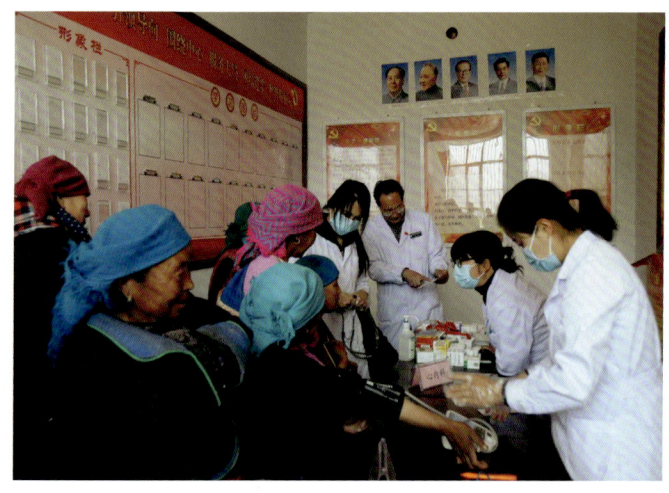

◀ 2018年11月2日，青海省气象局与省心脑血管病专科医院联合前往塔加乡塔一村开展精准扶贫活动

◀ 2018年新春佳节即将来临之际，省气象灾害防御技术中心在化隆县塔加乡塔一村村民家开展"迎新年 送温暖 同欢乐"联谊活动

◀ 2017年，青海省气象局局长白海到西宁市湟中县李家山镇阳坡村调研扶贫工作

台站变迁

▲ 清水河气象站

▲ 2017年,清水河国家基本气象站

▲ 1988年，达日县气象局

▲ 2010年，达日县气象站

◀ 2004年，野牛沟气象站

◀ 2018年8月，野牛沟气象站

▲ 2007年，果洛州气象局　　▲ 2017年，果洛州气象局新修建的职工休闲场所

西宁市气象站旧貌 ▶

2009年7月，西宁市气象站 ▶

◀ 2009年4月,海北州气象局预警中心办公大楼建成投入使用

◀ 2015年8月,曲麻莱县气象局

◀ 2016年3月,玉树州气象局新建的综合楼

▲ 2016年8月,沱沱河气象站　　▲ 2017年,果洛州气象局新修建的职工休闲场所内部

2017年,托勒气象站 ▶

2017年10月,五道梁气象站 ▶